U0241993

高等职业教育教材

鞋类设计职业规范

主　编　李再冉　崔同占
参　编　舒世益　史丽侠　李　贞

中国轻工业出版社

图书在版编目（CIP）数据

鞋类设计职业规范/李再冉,崔同占主编.—北京：
中国轻工业出版社,2019.9
ISBN 978-7-5184-2489-4

Ⅰ.①鞋…　Ⅱ.①李…②崔…　Ⅲ.①鞋—设计
Ⅳ.①TS943.2

中国版本图书馆 CIP 数据核字（2019）第 100074 号

责任编辑:李建华

策划编辑:李建华　　　责任终审:劳国强　　　封面设计:锋尚设计
版式设计:砚祥志远　　　责任校对:吴大鹏　　　责任监印:张　可

出版发行:中国轻工业出版社(北京东长安街 6 号,邮编:100740)
印　　　刷:三河市国英印务有限公司
经　　　销:各地新华书店
版　　　次:2019 年 9 月第 1 版第 1 次印刷
开　　　本:787×1092　1/16　印张:10.5
字　　　数:220 千字
书　　　号:ISBN 978-7-5184-2489-4　　　定价:34.00 元
邮购电话:010-65241695
发行电话:010-85119835　传真:85113293
网　　　址:http://www.chlip.com.cn
Email:club@ chlip.com.cn
如发现图书残缺请与我社邮购联系调换
181559J4X101ZBW

前　言

　　鞋类设计是艺术与技术相结合的轻工类产品设计。鞋是人们现代生产、生活中最基本的必备品，是衣食住行中"行"的基本"工具"，同时，也是美化和丰富人们生活的装饰品。

　　鞋类设计是鞋类行业运行与发展的重要环节，也是鞋类专业人才培养的重点方向。本书是鞋类设计与工艺专业职业教育必修课程教材，是国家级鞋类专业职业教学资源库（网址：http：//www.icve.com.cn/xlsjygy）"鞋类设计职业技能规范"课程的配套教材。本书的编写得到浙江省高等教育"十三五"第一批教学改革研究项目"智慧技术在高职鞋类专业人才培养模式的开发与实践"（jg20180589）的支持，同时，本书也是温州职业技术学院第二批实践导向校本教材建设项目"鞋类设计师职业技能规范"（WZYJC1406）的重要成果之一。

　　书中内容根据鞋类行业设计人员基本知识、技能体系的要求进行编写，并且结合浙江省温州鞋类（三级）设计师的考核内容，进行了系统梳理与整合。通过引导启发教学、应用实践等教学步骤，使学生对鞋类基础、鞋类设计、鞋类应用等知识有所认识，为企业实践做好专业基础铺垫。通过学习，培养学生独立钻研、分析和解决鞋类设计实际问题的能力，学生（或社会学员）能运用所学的知识进行鞋类综合应用与实践，掌握设计方法和程序，增强对设计的认识，为今后实际工作打下坚实的基础。

　　本书分为四部分、共十五章，温州职业技术学院鞋类专业带头人李再冉副教授、博士为主编，负责全书内容的设计、统稿及部分章节撰写。具体章节编写人员如下：第一章，李再冉；第二章，李再冉、崔同占；第三章，李再冉；第四章，李贞、李再冉；第五章，李再冉；第六章，崔同占；第七章，史丽侠；第八章，舒世益，李再冉；第九章，崔同占；第十章，李贞；第十一章，崔同占；第十二章，史丽侠；第十三章、第十四章、第十五章，李再冉。此外，温州职业技术学院鞋类设计与工艺专业洪瑞瑶、方滢滢等同学参与了文字编辑、图形绘制等工作。

　　本书对应鞋类设计与工艺专业职业岗位技能考核课程，可应用于鞋类及鞋类相关专业学历教育课程，也可用于鞋类设计岗位培训、职业技能培训。在教学过程中，各院校、机构、企业可以根据自身情况不同，对各章节的讲授内容进行调整及删减。

　　本书在编写过程中，自始至终得到了教育部全国鞋服饰品及箱包专业指导委员会主任施凯教授、全国制鞋标准化委员会张伟娟秘书长、中国皮革协会鞋业专业委员会路华主任、温州市鞋革职业中等专业学校王松校长、康奈集团有限公司吴圣能副总裁等领导、专家的亲切关怀。此外，温州职业技术学院杜少勋教授、浙江工贸职业技术学院石娜副教授、康奈集团有限公司刘宣峰设计师为本书的编写和出版做了大量工作，在此一并表示衷心的感谢。

由于时间仓促，编者水平有限，书中难免存在不足之处，恳请广大读者批评指正。

作者

2019 年 3 月

浙江温州茶山高教园区

目　录

第一部分

概　述

第一章　鞋类设计职业

本章导学：

本章是对鞋类设计职业类别、内容以及工作性质的综合概述。其中，分别对鞋类产业基本信息、鞋类设计特点和鞋类各设计岗位责任进行了具体介绍。本章内容是为鞋类初学者提供行业入门基本信息。

第一节　鞋类设计职业概述

鞋类设计是以人体足部需求为基础，设计人员将技术与艺术相结合、结构与功能相融合，运用各类材料，为足部提供具有保护、美观、功效的可穿戴制品的创造过程。

一、鞋类行业现状概述

中国制鞋业有着悠久的历史，随着改革开放的潮流，中国承接国际制鞋业的转移，一跃成为全球最大的鞋业生产中心和销售中心，形成了十分完善的产业链和产业发展平台，并且基本占据了全球中低端的鞋产品市场，而使传统的制鞋大国如意大利、西班牙、葡萄牙等放弃中低端产品市场，全部转向高端市场，南美巴西的制鞋业也开始转向高端市场。

1. 鞋类行业及产品分类

鞋类生产行业可以分为鞋类成品制造、鞋类辅件加工、鞋底制造、鞋楦制造等；鞋类产品根据使用对象可以分为男鞋、女鞋、童鞋；根据产品使用功能可以分为运动鞋、休闲鞋、劳保鞋、雨鞋、跑鞋、保健鞋、增高鞋、沙滩鞋、练功鞋等；根据帮面使用材料种类可以分为皮鞋、布鞋等；根据加工工艺可以分为注塑鞋、硫化鞋、缝制鞋、胶粘鞋、模压鞋等；根据帮面结构可以分为满帮鞋、凉鞋、靴类鞋；根据穿着方式可以分为系带鞋、粘扣鞋、松紧带鞋等。

2. 中国鞋类产业分布概况

中国鞋业已呈现产业集群式发展状态。总的来说，有四大产业集群。一是以广州、东莞等地为代表的广东鞋业基地，主要生产中高档鞋；二是以温州、台州等地为代表的浙江鞋业基地，主要生产中档鞋；三是以成都、重庆为代表的西部鞋业基地，主要生产女鞋；四是以泉州、晋江等地为代表的福建鞋业基地，主要生产运动鞋。

3. 中国鞋类产品产量

（1）皮鞋

皮鞋的销售比重由早期的 9% 已上升至目前的 35%。消费群体也由原来的城市扩展至农村地区，产品也开始由低档向中高档发展。但中国生产的皮鞋仍是在国内市场占主导，在世界鞋类市场上，中国生产的鞋类以中低档为主。中国皮鞋年产量约占全球皮鞋总产量的40%，在中低档皮鞋市场的占有率达到85%。

（2）运动鞋

中国每年生产运动鞋50亿双左右，占全球运动鞋产量的4/5。但其中70%~80%用于出口，且大都为OEM（即为他人品牌代工）。事实上，全球的运动品牌市场几乎全部被国际上几家大型运动品牌所垄断，中国运动鞋在国际市场上不是给人作嫁衣赚取低廉的加工费，就是徘徊在二三流的市场恶性竞争。美国作为鞋类消费大国，有79.6%的运动鞋来源于中国，这比例似乎很大，但国内鞋类贸易方式主要是为他人品牌代加工，国内自创品牌出口的运动鞋数量少之又少。

（3）休闲鞋

中国休闲鞋出口近年来一直在稳定增长，出口增长率为15%~30%。休闲鞋主要包括步行鞋、便鞋、凉鞋、木底鞋和休闲靴。步行鞋和便鞋是最大种类，占到了休闲鞋出口量的42%，凉鞋和木底鞋占32%，而休闲靴占26%，只有约1/3的厂商生产靴子。多数厂商生产的鞋帮都使用真皮、PU（聚氨酯）革、尼龙织物等材料，鞋底主要是EVA（乙烯-醋酸乙烯共聚物）、TPR（热塑性橡胶）、橡胶等材料。

（4）童鞋

童鞋市场是制鞋行业中极具增长潜力的市场之一，也是制鞋行业中一个相对特殊的产业。然而，童鞋业在整个制鞋行业中所占比例甚小，品牌缺失现象较为严重，打造强势品牌已成为中国童鞋产业的当务之急。近年来，中国童鞋的消费量一直呈上升趋势，童鞋市场的消费需求已由过去满足基本生活的实用型开始转向追求美观的时尚型。在部分经济发达的城市，消费者对童鞋的需求趋向潮流化、品牌化。

4. 其他国家鞋类行业分布特点

从全球范围上看，世界制鞋大国主要是亚洲的中国、印度、越南、印度尼西亚和泰国，欧洲的意大利、西班牙和葡萄牙以及南美洲的巴西等。全球现有各种制鞋企业30000~40000家，制鞋业及鞋材、鞋机等相关行业从业人员总计近1000万人。

（1）印度

人口众多，产业工人少，劳力成本较低廉；土地资源丰富，成本较低；原材料供应较缺，物流成本较高，产业配套还不够完善；内销市场巨大，外销市场一般；主要以中低档产品为主。

（2）巴西

劳动力资源较充足，土地资源充裕，成本中等；原材料供应充足，产业配套较完善，形成产业链，内、外销市场较大；主要以中档产品为主。

（3）越南

人口不多，劳动力价格暂时相对较低；土地资源一般，成本暂时较低，原材料供应缺乏，90%依赖进口，产业配套还不完善；外销市场为主，内销市场有限；主要以中低档产品为主。

（4）印度尼西亚

人口较多，劳动力成本中等；土地资源一般，成本处于中等，原材料供应不足，物流成本较高，产业配套还不完善；内销市场较大，外销市场一般；主要以中低档产品为主。

（5）欧洲区域（意大利、西班牙和葡萄牙等）

劳动力短缺，土地资源较缺，成本较高；原材料供应充足，但价格较高；产业配套较为完善，内、外销市场潜力一般；高档市场有优势，主要以高档产品为主。

5. 鞋类消费市场特点

目前全球鞋类产品主要消费市场集中在两类地区，一类是经济发达的国家和地区，如美国、欧盟、日本、加拿大等，另一类是人口众多的国家及地区，如中国、印度、巴西、印度尼西亚等。

中国、印度、巴西、印度尼西亚等国家人口众多，拥有巨大的鞋产品消费市场，但同时这些国家拥有大量的制鞋企业，其产品可满足国内大部分需求，对外部产品需求不大。随着经济的发展，人们生活水平的不断提高，消费能力和意识的不断增强，鞋产品消费市场的增长空间极大，这些国家将是鞋产品消费最具潜力的市场，也是鞋类产品出口最具潜力的目标市场。

二、设计类职业

设计师是对设计事物的人的一种泛称。通常是指在某个特定的专门领域进行创造或提供创意的工作，将艺术与商业结合在一起的人。这些人通常是利用绘画或其他各种以视觉传达的方式来表现他们的工作或作品。具体地说，设计师是指主要从事用思维进行工作和安排的人群。

职业指的是参与社会分工，利用专门的知识和技能，创造物质财富和精神财富，获得合理报酬，满足物质生活和精神生活的工作。

1. 设计内容

设计分为平面设计、空间设计、工业设计、珠宝设计、游戏设计、家具设计、建筑设计、室内设计、景观设计、服装设计、网页设计、系统设计、剧场设计、动漫设计、品牌设计、造型设计等领域。当然，还包括鞋类设计等更加具体的产品设计内容。

2. 能力与知识

在设计职业中，丰富的想象力、创新力和前瞻思维是必不可少的，这是设计师与工程师的一大区别。工程设计采用计算法或类比法，工作的性质主要是改进、完善，并非创新。造型设计则非常讲究原创性和独创性，设计的元素是变化无穷的线条和曲面及其搭配，而不是严谨、繁琐的数据。通过模仿或改进出来的设计不可能成为优秀的作品、经典的产品。

设计师必须知道各种设计会带来怎样的效果。比如，不同的造型所得的力学效果，实际实用性的影响，所涉及的人体工程学、成本和加工方法等。这些知识绝非一朝一夕就可以掌握的，而且还要融会贯通、综合运用。

艺术表现能力也是设计师必备能力，简单而言是美术功底，进一步说则是美学水平和审美观。可以肯定全世界没有一个设计师是不会画画的，"图画是设计师的语言"。虽然现今已有多种表达设计的方法，如运用计算机，但纸笔作画仍是最简单、直接、快速的表现方法。事实上虽然用计算机、模型可以将构思表达得更全面，但最重要的想象、推敲过程绝大部分都是通过简单的纸和笔来进行的。

3. 市场意识与表达

设计前必须做生产（成本）和市场（顾客的口味、文化背景、环境气候等）的调查考察。脱离市场的设计肯定不会赢得大众的喜爱，设计"寿命"也会受到重大影响。

设计师应该是通过与客户的洽谈，现场勘察，尽可能多地了解客户从事的职业、喜好、客户要求的使用功能和追求的风格等。设计师更应该具备与客户建立良好关系，给客户量身打造设计方案。

三、鞋类设计职业工作范围

鞋类设计职业是围绕鞋类产品，服务人类生活所需，将科学与艺术相结合，运用各类现有生产技术，实现与脚部形态所匹配的鞋类产品。鞋类设计职业是贯穿鞋类产品"生命"始终的核心工作。

第二节　鞋类设计职业岗位

在鞋类设计中，有众多岗位需要与技术、艺术相关的基本技能，开展针对性极强的设计活动。按照鞋类产品设计基本流程对岗位进行划分，可以分为鞋类造型设计岗位、鞋楦设计岗位、鞋类结构设计岗位、鞋类工艺设计岗位、鞋类相关辅件设计岗位，如图1-2-1所示。此外，由于智能技术的快速发展，很多岗位直接或间接地运用了计算机辅助设计方法，也就出现了鞋类计算机辅助设计岗位。

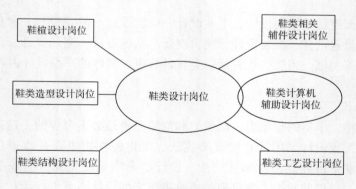

图1-2-1　鞋类设计职业岗位

一、鞋类造型设计岗位

鞋类造型设计岗位是鞋类设计中的重要岗位之一。

造型设计是按着人的意图创造各种物体的过程。鞋类造型设计就是通过技术与艺术的结合，形象地绘制出鞋产品的款式图案（效果）、颜色及材料（材质）、工艺特征等图像元素的过程。

①岗位基本素质：具有创新思维、把握时尚信息等基本素质。

②岗位基本能力：具备手绘或运用计算机辅助效果图表现的能力。

二、鞋楦设计岗位

鞋楦是鞋类产品设计与实现的基本依据。

鞋楦设计主要是以区域性脚型特征或典型个体特征数据为依据，制作出鞋子结构设计时需要的模拟实物或鞋子批量生产时需要的鞋内腔形态模具。此外，鞋楦设计还要根据鞋类生产工艺、鞋类结构等的不同需要，对楦体组合结构进行设计。

鞋楦是鞋成型的载体，不是脚精确的复制品，而是具有一定审美倾向性的脚的模拟。鞋楦造型设计在技术方面比较复杂，设计过程中需要考虑到生理学、生物学、人机工程学、流行趋势等方面的综合知识。

①岗位基本素质：掌握鞋类综合技术知识、脚型基本特征及变化规律，具有把控服饰流行信息等基本素质。

②岗位基本能力：具备制作楦底样、母楦、卡板的基本能力，具备能够根据鞋底或鞋跟修改楦体的能力。

三、鞋类结构设计岗位

鞋类结构设计是依照鞋类造型设计的帮部结构，根据脚型规律及特征部位的数据，运用不同取跷方法，将楦体表面形态与预期造型设计进行充分融合，实现从三维楦体表面形态到二维平面样板的过程，从而完成各种不同鞋类款式结构设计的全过程。设计方法主要分立体设计法和平面设计法。

此外，鞋类结构设计人员还需对鞋类生产工艺有深刻的理解，并结合不同的生产需要，对各样板（部件）之间的加工余量进行设计。

①岗位基本素质：具有创新或改进设计方法的基本素质。

②岗位基本能力：具备根据各种鞋类样图进行样板制作的能力，具备运用不同曲跷设计方法处理样板的能力，具备能够根据生产工艺需要对样板边沿加放余量的能力。

四、鞋类工艺设计岗位

鞋类工艺设计岗位是鞋类产品实现的重要岗位，从事工艺设计的人员在鞋企一般称为技转员。

工艺设计是鞋类总体设计的重要环节，是一项从概念设想到产品实现的技术工程，主要包括工艺结构设计、工艺流程设计、工艺相关标准的制定等。工艺设计是实现产品的重要保证。此外，随着新材料的发展，智能技术的不断进步，工艺路径及制作方法的不断革新，使得鞋类产品在质量、效率、节约等方面得到改进。鞋类工艺设计岗位是鞋类产业进步的原动力。

①岗位基本素质：具有鞋类产品结构分析和鞋类生产工艺创新的基本素质。

②岗位基本能力：具备各类鞋类产生工艺知识及一种以上工艺全程加工的技能，具备根据鞋款和现有设备制定加工工艺流程的能力，具备制定各工艺环节操作及加工标准的

能力。

五、鞋类相关辅件设计岗位

鞋类相关辅件设计指的是鞋类产品各配件或饰品的设计，包括鞋跟设计、鞋底设计、装饰件设计、刀模设计等。此类岗位与机械加工、模具制造等行业紧密关联，为鞋类产品提供局部功能或配饰。由于这类工作内容较多、繁杂，暂无法限定"岗位基本素质"和"岗位基本能力"。

通过对现有鞋类设计类岗位设置分类的学习，大家可以了解鞋类领域的工作内容、岗位素质要求和能力要求。但是，鞋类行业是较为活跃的技术技能型产业，各类工作随着科技进步而不断发展。在现阶段，智能技术或计算机辅助技术在鞋类行业逐步应用，计算机辅助技术已成为各岗位必备技术，并且随同鞋类专业技术迅速智能化，故暂不对鞋类计算机辅助设计岗位进行阐述。

第二章　鞋类设计职业道德

本章导学：

本章是对鞋类设计人员自身基本素质的概述。其中，对职业基本道德水平、鞋类行业职业道德进行了详细论述。此外，结合鞋类设计人员职业特点，对鞋类设计职业守则相关内容进行了概述。

第一节　职业道德基本知识

我国《公民道德建设实施纲要》提出了职业道德的主要内容是：爱岗敬业、诚实守信、办事公道、服务群众、奉献社会。职业道德是道德在职业实践活动中的具体体现。

一、职业道德

道德是一个庞大的体系，职业道德是这个庞大体系中的一个重要组成部分，也是劳动者素质结构中的重要组成部分。职业道德与劳动者素质之间关系紧密，加强职业道德建设，有助于促进良好社会风气的形成，增强人们的社会公德意识。同样，人们社会公德意识的增强，又能进一步促进职业道德建设，引导劳动者的思想和行为朝着正确的方向前进，促进社会文明水平的全面提升。

结合鞋类行业基本特点和鞋类工作人员身心发展的需要，职业道德教育可以分为以下几个方面。

1. 爱岗乐岗、忠于职守的敬业意识

所谓敬业就是珍惜和忠实于自我的职业，具有较强的职业自豪感和职责感，立足本职，扎扎实实地为社会做贡献。高素质的劳动者应怀着强烈的敬业精神，热爱本职工作，忠实履行职业职责，在任何状况下都能坚守岗位。一个人只有爱岗敬业、以高度的职业荣誉感和自豪感，焕发出对本职工作的激情，把身心融化在职业活动中，才能在工作中充分发挥自我的聪明才智，做出出类拔萃的成绩；一个人只有把职业当成自我的事业而不仅仅是谋生的手段，做到干一行、爱一行，才能成为社会的有用之才。因此，爱岗敬业、忠于职守是奉献社会、实现人生价值的重要途径。

2. 讲究质量、注重信誉的诚信意识

讲究质量和信誉是社会主义职业道德的重要规范，也是市场经济体制中竞争者应遵循的最基本的规则。它要求从业者立足于以质取胜、以信立本，反对忽视质量、不讲信誉、对消费者及用户不负职责的作风和行为。讲信誉要求劳动者务必严格践约，对于自我向社会、他人做出的承诺都务必认真履行。它既是一种经营策略，更是一种合乎道德的举措。质量问题关系到人民和国家的根本利益，也是企业顺利发展的前提和条件。

3. 遵纪守法、公平竞争的规则意识

遵纪守法、公平竞争要求从业者在职业实践中自觉遵守法律和法规，遵守职业纪律，自觉抵制各种行业不正之风。只有每个人都自觉遵守市场法则，公平竞争的市场秩序才能得到保证。遵纪守法、公平竞争体现了从业者对国家、对人民以及对职业利益的尊重与保护，是发展社会主义市场经济的客观要求，也是抑制部门和行业不正之风的需要，因而是社会主义职业道德的一条重要规范。

4. 团结协作、顾全大局的合作意识

团结协作、顾全大局是处理职业团体内部人与人之间，以及协作单位之间关系的一条道德规范。社会的进步和事业的发展，是千千万万职业劳动者共同的任务，劳动者彼此之间和协作单位之间需要互相支持、互相帮忙。这是一种在共同利益、共同目标下进行的相互促进的活动。透过彼此的相互支持，才能构成职业团体、行业团体中良好的道德氛围，激励和提高劳动者的劳动热情，充分发挥他们的创业潜能，创造更好的经营业绩，同时实现更好地为社会服务的目的。现代社会分工越来越细，对协作的要求越来越高，单靠个人的力量孤军奋战，即使再有潜力，也难以获得事业的成功。这也就是许多企事业在招聘员工时都要详细考察应聘者是否具有"团队精神"的原因。

5. 刻苦学习、不断进取的钻研精神

职业技能是人们进行职业活动、履行职业职责的潜力和手段。它要求所有从业人员努力钻研所从事的专业，孜孜不倦，锲而不舍，不断提高技能。因为没有丰富的业务知识和熟练的服务技能就不可能有优良的服务质量，也就体现不出良好的职业道德。同时，现代科学技术发展迅猛，知识不断更新，社会发展的速度日益加快，学习型社会、学习型组织逐步建立。作为新世纪的劳动者，只有勤于探索，不断学习，才能紧跟时代发展的步伐。通过学习新知识、新技术，洞察事物的发展方向，研究新方法，走出新路子，开拓新途径，才能在不断发展和变化的社会中找准自我的位置。因此，劳动者要有学习意识，要乐于学习、善于学习、终身学习。

6. 艰苦奋斗、勤俭节约的创业精神

艰苦奋斗、厉行节约是我国劳动人民的传统美德，也是人类发展的共同精神财富。目前，我国正处在社会主义市场经济体制的构建初期，它要求我们不断提高管理水平、减少能源消耗、降低成本、提高产品质量。对于一个企业来说，艰苦奋斗、勤俭节约是提高经济效益的决定性因素。这就要求社会主义劳动者在职业活动中珍惜国家和群众财产，节约原材料，勤俭办事，反对铺张，在工作中不讲条件，不图实惠，经得起挫折，受得了委屈，以主人翁的劳动态度和职责感从事自我的职业。

二、鞋类工匠精神

鞋类工匠是指设计师对自己鞋品的精湛设计与制作，以及精益求精、更完美的设计理念。鞋类工匠喜欢不断革新自己的鞋品，不断改进制作工艺，享受鞋品在双手中升华的过程。工匠精神的目标是打造鞋类行业最优质的产品，制作其他同行无法匹敌的卓越鞋品。

广义概括起来，工匠精神就是追求卓越的创造精神、精益求精的品质精神、用户至上的服务精神，具体可以概述如下。

①精益求精。注重细节，追求完美和极致，不惜花费时间精力，孜孜不倦，反复改进产品，把客户满意度从99%提高到99.99%。

②严谨，一丝不苟。不投机取巧，必须确保每个部件的质量，对产品采取严格的检测标准，不达要求绝不轻易交货。

③耐心，专注，坚持。不断提升产品和服务，因为真正的工匠在专业领域上绝对不会停止追求进步，无论是使用的材料、设计还是生产流程，都要不断完善。

④专业，敬业。工匠精神的目标是打造本行业最优质的产品，制作其他同行无法匹敌的卓越产品。

⑤淡泊名利。用心做一件事情，这种行为来自内心的热爱，源于灵魂的本真，不图名不为利，只是单纯地想把一件事情做到极致。

对于初次接触鞋类行业的设计人员而言，需要具有一种"一个岗位干一生"的心态，从最平凡的设计师助理开始学习，直到成为一名合格的鞋类设计师；在鞋类设计的学习中要"用心、用脑、再动手"，时刻思考在做什么、怎么去做和为什么要这样做；在工作的过程中还要有一个整洁的工作环境，包括鞋材、样品、工具等桌面摆放，纸屑、钉子等耗材的分类等，都充分体现了鞋类工匠的"精益求精"；最后，还要有一套非常顺手的设计和制作工具，为完成一件鞋类作品提供辅助支撑。

三、鞋类行业职业道德

鞋类行业道德规范一般可以包括鞋类质量"三包"规则、产品质量规则和文明服务规则征求意见内容。

1. 鞋类质量"三包"规则

为保护消费者合法权益，明确鞋类经营者应承担修理、更换、退货的责任和义务，促进鞋类商品和售后服务质量的提高，在《中华人民共和国消费者权益保护法》《中华人民共和国产品质量法》及有关法律法规中对鞋类质量进行了规定。

鞋类质量"三包"规则可以概述为："三包"是零售商业企业对所售商品实行"包修、包换、包退"的简称，指商品进入消费领域后，卖方对买方所购物品负责而采取的在一定限期内的一种信用保证办法，对不是因用户使用、保管不当，而属于产品质量问题而发生的故障提供该项服务。

2. 产品质量规则

我国已建立了较为完整的鞋类相关质量标准，对于鞋类产品、产品辅件有着明确的检验方法和质量标准。鞋类标准体系由国家标准、行业标准、企业标准等构成。

在鞋类企业中，通常是品质管理部门、生产制造部门、销售营业部门、产品研发部门及有关技术人员依据"操作规范"，在执行国家标准或行业标准的前提下，参考同行技术要求、国外技术要求、客户需求、企业自身能力、原物料供应能力，制订出适合企业自身发展的产品质量规范，从而构成鞋类产品质量规则。

3. 文明服务规则

文明服务规则主要是指鞋类相关人员在日常工作中的品德、技能、纪律、言谈、举止、交往等方面的规则，具体可以延伸为思想品德、业务能力、遵章守纪、廉洁自律等，还包括了相关工作岗位规范、形象规范、语言规范、社交规范、会议规范、安全卫生、人际关系等。

四、涵义拓展

职业道德的涵义包括以下八个方面：

①职业道德是一种职业规范，受社会普遍的认可。

②职业道德是长期以来自然构成的。

③职业道德没有确定的形式，通常体现为观念、习惯、信念等。

④职业道德依靠文化、内心信念和习惯，通过员工的自律实现。

⑤职业道德大多没有实质的约束力和强制力。

⑥职业道德的主要内容是对员工义务的要求。

⑦职业道德标准多元化，代表了不一样的企业可能具有不一样的价值观。

⑧职业道德承载着企业文化和凝聚力，影响深远。

第二节　鞋类设计职业守则

职业守则是一个行业某个具体岗位人员在工作中必须遵守的原则。其中，对于多数岗位工作人员应遵守的职业原则包括：

①爱岗敬业，忠于职守，诚实守信。

②遵纪守法，勇于护法，团结互助。

③热情服务，乐于奉献。

④文明勤奋，礼貌待人。

⑤廉洁奉公，不牟私利。

⑥尊老爱幼，乐于助人。

但是，对于鞋类设计岗位的特殊性，还要遵守如下工作职责。

1. 严于律己，保守商业秘密

鞋类设计人员在工作中要认真负责，严于律己，不断提高工作质量，积极维护企业声誉，并严格保守企业的商业秘密。保密约定一般应体现在劳动合同中，约定对于企业和从业者来说是双向的、对等的。

2. 刻苦钻研，学习先进科技

鞋类设计人员要紧跟时代发展，树立终身学习的观念。正确面对现代科技产品与现代人类需求，运用现代科技"手段"来改进工作方式，提高工作水平和工作效率。

3. 团结主动，谦虚谨慎

鞋类设计职业关系着鞋类产品研发的始终。鞋类设计人员要妥善处理个人与个人、个人与部门、个人与企业等关系，积极与团队或带领设计团队做好各项设计、协调等工作，努力为企业、行业培养新人，将自身技能发挥到极致，做到谦虚谨慎、客观公正、团结协作、主动配合。

4. 勇于创新

创新是鞋类行业发展的灵魂，作为鞋类设计人员，在从事设计工作时要敢于创新、善于创新，树立自主创新的精神。

第二部分

鞋类设计基础知识

第三章　鞋类材料基础知识

本章导学：

本章是对鞋类材料、胶粘剂和相关辅料等相关知识的概述。其中，皮革材料主要介绍天然皮革材料和人工革材料的基本知识，橡胶材料主要讲述天然橡胶和合成橡胶相关内容，胶粘剂部分以常用胶粘剂知识为主进行讲解，辅助材料部分讲述加固及制作辅助材料和装饰辅助材料。通过本章节的学习，学生可以对鞋类相关材料具有初步了解，为后续课程提供材料方面的必备知识。

第一节　皮革材料基础

一、天然皮革

1. 皮革的结构及性能

皮革简称革，指以胶原蛋白质为主要成分的生皮作为原料，经过一系列的化学和物理加工，使生皮的性质发生变化，制成适合军需、工业和人们生活所需的各类产品。皮革具有不易腐坏、耐湿热、吸湿、隔热、耐久、耐摩擦、不易撕裂、易保养、易保藏等多项优越性能。

生皮除了表面所附的毛以外，主要分为三层，即表皮层、真皮层、皮下组织。

①表皮层：位于毛类之下，紧贴在真皮层上面，由不同形状的表皮细胞排列而成。表皮层不能制成革，需在制革准备工段与毛类一起除去。此外，表皮层对真皮有保护作用。

②真皮层：位于表皮之下，介于表皮与皮下组织之间，是生皮的主要部分。革就是由真皮加工而成的，革的许多特征都是由这一层的结构决定的。真皮主要由多种纤维成分组成，其柔韧性较强。

③皮下组织：是动物皮与动物体之间相互连接的疏松性组织，主要由脂肪和肌肉构成。

2. 皮革的部位

各种动物皮因其类别、年龄、生活环境、饲养条件和屠宰季节的不同，造成其具有不同的待征，即使在同一张皮革上各部位的性能也不相同。由于皮革各部位的质量不同，制鞋裁断应根据不同种类和结构的鞋类部件的要求，因材使用。根据皮革的形体位置，可划分为各个不同部位，即臀背部位、颈肩部位、腹胁部位和四肢部位等，如图3-1-1所示。

①臀背部位：臀背部位即皮心部位，纤维组织紧密，表面细致。臀背部所占全张革的面积较大，是质量最好的部位，适合划裁前帮等主要帮面部件。

②颈肩部位：颈肩部位的纤维组织较臀背部位略松弛，表面粗糙，皱纹很多，占全张皮革较大面积，也属于皮革的重要部位，一般适合于划裁后帮、包跟、靴筒等次要帮面

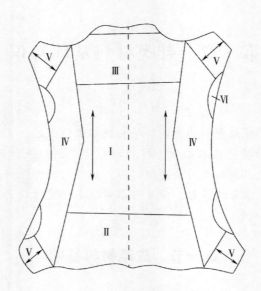

图 3-1-1　皮革部位划分示意图

Ⅰ—背部　Ⅱ—臀部　Ⅲ—颈肩部　Ⅳ—腹部　Ⅴ—四肢部　Ⅵ—肷部

说明：箭头方向为各部位的延伸方向

部件。

③腹肷部位：腹肷部位是动物两旁肋骨和胯骨之间的部分。腹肷部位纤维组织松软，厚度较薄，强度较差，适合划裁鞋舌、护口皮、护耳皮等辅助次要部件。

④四肢部位：四肢部位纤维组织疏松、厚度很薄、面积较小。通常张幅小的皮在屠宰时就将头、尾割去。四肢部位适合划裁辅助次要部件。

皮革划分部位的意义：在裁断工艺中要区别对待并合理使用皮革。但是，皮革各部位的应用特征不是机械照搬和一成不变的，仍需参考很多质量因素，如伤残、绒毛、色差等。有时皮心部位虽然纤维组织紧密，但因伤残影响，也不能划裁主要部件，但次要部位如果无伤残、色泽好、综合条件适度，也可能划裁主要部件。

3. 鞋用天然面革

用于鞋靴帮面的皮革称为鞋用面革。鞋用面革的种类较多，其中，天然面革以牛面革、羊面革为代表，基本为铬鞣革，主要有以下三种：

①全粒面革：以皮革的天然粒面作为面革，称为全粒面革。

②修饰面革：在制革过程中，对动物原来的粒面做轻整饰的革。

③绒面革：在制革过程中，把正面或反面绒毛作为表面的革，统称为绒面革。

4. 鞋用天然里革

用于制作鞋衬里的皮革称为鞋里革。猪革、牛革、羊革均可用作鞋里革，以铬鞣革为主。高档皮鞋一般用正面皮革（头层皮革）做鞋里革。二层本色鞋里革一般用于中低档产品。

5. 鞋用天然底革

用于制作鞋的外底和内底等底料的专用皮革，称为鞋用底革。主要有牛底革、猪底革。天然底革的特性与面革不同，由于鞣制方法的不同，其底革的性质也有所不同。

①植物鞣法：底革的吸水性小，耐热性差，成革收缩温度不低于75℃。

②铬鞣法：底革的耐热性能好，在温度为0℃时不变形，耐磨性能好，吸水性较好。

③铬植结合鞣法：底革的表面接近于植物鞣，但提高了革的耐热性能和耐磨性能。

天然底革的部位划分基本同天然面革。

二、人工革

1. 人造革

人造革是指手感似皮革并可代替其使用的塑料制品。人造革通常以织物为底基，在其上涂布或贴覆一层树脂混合物，然后加热使之塑化，并经滚压压平或压花。人造革近似于天然皮革，具有柔软、耐磨等特点。根据覆盖物的种类不同，有聚氯乙烯人造革（PVC）、聚氨酯人造革（PU）等。现代人造革几乎可以代替皮革，用于制作日用品及工业用品。

2. 合成革

此类材料模拟天然皮革的组成和结构并可作为天然皮革的代用材料。合成革通常以经过浸渍的无纺布为网状层，微孔聚氨酯涂层作为粒面层制得，其正、反面都与皮革十分相似，并具有一定的透气性，比普通人造革更接近天然皮革。合成革广泛用于制作鞋、靴、箱包和球类产品等。

3. 再生革

皮革的边角废料经过加工变成整张皮革，叫作再生革。

再生革制造简单，将皮革废料撕磨成纤维，再用天然乳胶和合成乳胶等黏合后压制成片状。它可以代替天然皮革制成皮鞋的内底、主跟和包头，也可以作为汽车坐椅罩革等。再生革的形状可以根据不同需求来制作，再生革不仅比较牢固，而且质轻、耐热又耐腐蚀。

皮革的边角料也可以制成胶原浆后拌和成革。这种再生革与天然皮革真假难分，具有天然皮革和合成革材料的优良特性，正在被广泛使用。

第二节　橡胶材料基础

一、天然橡胶

天然橡胶在制鞋业中应用非常广泛，是制鞋业中胶制部件的主要原料之一。它广泛应用于鞋类的底材、胶面、胶鞋面材、鞋类的胶粘剂以及各种胶部件。

一般可以用100%的天然橡胶制备鞋底材（可称透明底、树胶底），也可以用天然橡胶为主与其他胶种或塑料并用制备底材。

1. 天然橡胶的品种

①烟片胶。胶乳一般都制成干的胶片，烟片胶便是其中的一种，它是天然生胶中有代表性的品种，产量最多，耗量最大。

烟片胶是以鲜胶乳为原料，经凝固、压片、熏烟等工序制成的表面有菱形花纹的褐黄色略透明的胶片。根据外观质量分为若干等级。

②风干胶片。采用新鲜胶乳为原料，加入化学催干剂，经加酸凝固、压片、风干、烘干等工序制成的表面有菱形花纹的浅黄色胶片。

烟片胶和风干胶片相比较，烟片胶颜色较深，风干胶片颜色较浅，风干胶片适于制造白色、浅色和彩色的制品。

③皱片胶。皱片橡胶的制造方法与烟片胶相似，只是不用烟熏法干燥，而是直接用热蒸汽干燥，并采用化学药剂防腐。

皱片胶根据所用原料的好坏和加工的优劣，分为白皱片和褐皱片两种。白皱片采用鲜胶乳为原料，胶凝固前必须经过漂白，除去其中的色素，使其质量纯净，这种胶片呈白色，较干净，主要用于制造白色或浅色制品。褐皱片含杂质较多，质量较差，颜色较深，只适用于制造一般橡胶制品。

④颗粒橡胶（标准橡胶）。这是近年来包装制造行业重大改革后出现的新产品，颗粒橡胶是把鲜胶乳用酸凝固出来的胶片通过机械切剖或通过化学作用把胶乳制成粒径为几毫米大小的颗粒，不熏烟，利用热蒸汽快速干燥制成的一种固体粒状产品，然后加压包装。

除上述品种外，还有特制天然橡胶，如纯化橡胶、粉末橡胶以及天然橡胶衍生物等。

2. 天然橡胶加工工艺

天然橡胶加工工艺流程：塑炼→混炼→压延→出型→硫化成型。

①塑炼。塑炼是借助热，利用专业机械使橡胶软化成具有一定可塑性的均匀物的过程。

②混炼。混炼是橡胶工业中最重要的基础工艺，是生胶（经过塑炼）和各种配合剂，在炼胶机上经过翻炼混合达到均匀分散，然后再出胶片以至停放的全过程。

③压延、出型。压延是橡胶加工中常用的工艺之一，它是指将混炼胶在压延机上压片、贴合、压型和纺织物挂胶等作业。

④硫化。硫化是橡胶制品加工中的主要工艺过程之一。硫化是指在加热或辐照的条件下胶料中的生胶与硫化剂发生化学反应，使橡胶由线型结构的大分子交联成为立体网状结构的大分子，而使胶料物理力学性能及其他性能得到明显改善的过程。

3. 天然胶乳

天然胶乳是从橡胶植物中用采割或浸出等方法获得的黏稠的乳白色液体。天然胶乳的应用种类：一种是制浓缩酸乳，另一种是制干胶原料。

天然胶乳在制鞋工业中的应用：一是在胶粘剂方面，如用作皮鞋绷帮胶粘剂、胶鞋发泡垫、布面胶鞋的合布胶浆和围条胶浆以及胶面胶鞋的里子布浸浆与喷浆等；二是浸渍制品、浸渍套鞋等。

二、合成橡胶

合成橡胶是以煤、石油、天然气等为原料，首先制成不饱和的碳氢化合物单体（大量使用的有丁二烯、异戊二烯、氯丁二烯等，其次是苯乙烯和丙烯腈等），然后在一定条件下经过催化剂的作用，使单个不饱和的碳氢化合物发生聚合反应而形成合成橡胶。

合成橡胶的种类很多，其性能和种类因单体的不同而不同。按不同的性能和用途，合成橡胶可分为通用合成橡胶和特种合成橡胶两大类，近代随着高分子化合物合成工业的发展又产生了热塑性橡胶。下面介绍几种鞋用合成橡胶。

1. 丁苯橡胶（SBR）

丁苯橡胶是应用最广、产量最多的通用合成橡胶。丁苯橡胶是由丁二烯和苯乙烯两种单体在乳液或溶液中用催化剂聚合而制得的共聚物，为浅黄褐色的弹性体。

①丁苯橡胶的品种：丁苯橡胶的品种依苯乙烯的含量比例分为高苯乙烯橡胶和丁苯橡胶。普通丁苯橡胶中，苯乙烯的含量通常为 23.5%，根据用途不同，还可制成其他含量的橡胶，其中，苯乙烯的含量在 50% 以上者，叫高苯乙烯橡胶，它用于制造耐寒制品。苯乙烯含量越多，丁苯橡胶的耐老化性和耐热性、耐磨性能就越好，但弹性、耐寒性、黏着性和工艺加工性能则越差。当苯乙烯含量超过 60% 时，常温下具有结晶的状态，已失去橡胶性质，称为树脂。

②丁苯橡胶在制鞋工业中的应用：丁苯橡胶广泛应用于制鞋的胶制部件，如底材、鞋面及其他配饰之中，它可以单一作为胶制部件的主体材料，也可同时与其他弹性体或树脂、塑料并用，成为鞋胶制部件的主体材料。

2. 氯丁橡胶

①氯丁橡胶的种类：氯丁橡胶的品种、牌号较多，是合成橡胶 7 个大品种中牌号较多的一种，按照外观形态分为干胶、胶乳和液体胶；按照制造工艺分为硫调节型、非硫调节型和混合调节型；按所添加防老剂的污染性分有污染型和非污染型；按用途分有通用型和专用型。

②氯丁橡胶在制鞋工业中的应用：氯丁橡胶与天然橡胶并用可以用在胶鞋围条上，也可以制耐油鞋大底，专用型氯丁橡胶中的粘接型氯丁胶可以制备鞋用胶粘剂，氯丁胶乳胶粘剂也在制鞋业中应用。

3. 丁腈橡胶（NBR）

丁腈橡胶是由丁二烯和丙烯腈经乳液聚合制得的无规共聚物。

①丁腈橡胶的种类：丁腈橡胶种类繁多，可以根据其分子的化学组成和结构来分类，也可根据用途分为通用型和特种型两大类。但是丁腈橡胶的基本分类还是依丙烯腈含量的不同来分的。国外生产的丁腈橡胶中丙烯腈含量为 15%～50%，共分五个等级。

②丁腈橡胶在制鞋工业中的应用：丁腈橡胶主要用来制造耐热和耐油制品，如生产耐油劳保鞋。为了改善使用性能，丁腈橡胶与天然橡胶、丁苯橡胶、氯丁橡胶、聚氯乙烯等并用。

4. 再生橡胶

再生橡胶是指废橡胶制品经化学、热及机械加工处理后，使硫化橡胶的网状结构被破坏，有效地将其重塑化再生，成为能够再次配合、加工和硫化的橡胶。

再生胶分为轮胎再生胶、胶鞋再生胶、杂品再生胶三种。轮胎再生胶的原料是各种类型机动车所用的废轮胎橡胶及类似材料；胶鞋再生胶的原料是各种胶鞋、布鞋、皮鞋所使用过的废橡胶；杂品再生胶的原料是各种规格的内胎、水胎及其他废橡胶制品。

再生橡胶能替代部分生胶用于鞋类产品，并可降低成本，改善胶料的加工性能，一般再生胶可用于制备皮鞋底、布鞋底、胶鞋底以及胶鞋的海绵中底和硬中底等部件。

第三节　胶粘剂基础

一、常用胶粘剂

1. 氯丁橡胶胶粘剂

溶剂型氯丁橡胶胶粘剂是橡胶型胶粘剂中的一个重要品种。目前，在我国胶粘皮鞋生产中，用量最大的也是氯丁橡胶胶粘剂，国内制鞋行业广泛用于绷帮和帮底结合。氯丁橡胶胶粘剂适用于皮革与皮草、皮革与橡胶、布与布的粘接，它的出现推动了制鞋工艺的革命。

①接枝型氯丁胶胶粘剂（GCR）：随着鞋类的发展，新材料如聚氯乙烯人造革、聚氨酯合成革与聚氯乙烯底、聚氨酯底、丁苯嵌段共聚物（SBS）底和乙烯-醋酸乙烯共聚物（EVA）泡沫底等的不断应用，普通鞋用氯丁橡胶（CR）胶粘剂已不适应这些材料的冷粘要求。近年来，出现了以 CR 为基料的接枝型胶粘剂，用甲基丙烯酸甲酯（MMA）进行接枝聚合，使 CR/MMA 接枝共聚物既有（PMMA）对聚氯乙烯人造革的黏附性，又有 CR 的弹性和初黏性。这种胶粘剂主要适用于人造革、合成革、塑料底、橡塑底、尼龙及有机玻璃等材料，如聚氯乙烯人造革、凉鞋、旅游鞋、橡塑仿皮底鞋等的粘接。

②氯丁胶乳胶粘剂：氯丁胶乳是最早开发的合成胶乳，具有与纯天然胶乳相似的性质，通常用在制鞋生产的制帮、绷帮、包托底、粘木跟包皮等工序中。因为氯丁胶乳是水基型胶粘剂，因此无污染、无毒，很有发展前途。

2. 聚氨酯（PU）胶粘剂

聚氨酯是聚氨基甲酸酯的简称，也叫聚亚胺酯或聚亚氨基甲酸酯，是一种在主链上含有氨基甲酸酯基（—NHCOO）的胶粘剂，简称聚氨酯胶粘剂。由于结构中含有极性基团，提高了对各种材料的粘接性能，并具有很高的反应性，能在常温固化。胶膜坚韧、耐冲击、曲挠性好，剥离强度高，有良好的耐超低温性、耐油和耐磨性，但耐热性较差。

它广泛用于粘接皮革、泡沫塑料、棉布等多孔性材料，也可粘接尼龙橡胶、塑料等表面较光洁的材料，对含有增塑剂的聚氯乙烯也具有很好的粘接性能。聚氨酯胶粘剂有许多种类，在制鞋工业中使用的是端异氰酸酯基聚氨酯预聚体胶粘剂及一步法制备的聚氨酯胶粘剂。这一类胶粘剂是聚氨酯胶粘剂中最重要的一部分，其特点是初始黏合强度大，弹性好，耐低温性能超过其他品种。

3. SBS 胶粘剂

SBS 胶粘剂就是以 SBS 为基料的溶剂型胶粘剂，它与普通橡胶型胶粘剂相比有以下特点：黏合强度好，成膜速度快，达到最大黏合强度的时间短，不需添加"硫化剂"等助剂。除能粘接天然皮革与硫化橡胶外，还能粘接成革、棉纤维织物、聚苯乙烯橡塑底、仿皮底等多种材料，而且粘 SBS 底时无须事先固化，可直接在鞋底上涂胶。

SBS 胶粘剂为单组分胶粘剂，使用方便，储存期长。在一般生活用胶粘鞋生产中，SBS 胶粘剂完全可以代替氯丁胶使用，其黏合强度可达到 70N/cm 以上，胶膜耐寒、耐曲挠性能良好。其不足是活化温度偏高，耐热性偏低。

二、其他胶粘剂

1. 水溶型胶粘剂

水溶型胶粘剂是指基料溶解成分分散在水中的高分子物质组成的胶粘剂。溶解于水的也可称为水溶液胶粘剂。天然橡胶、动物胶、淀粉、糊精、松香等天然物质均可配制成水溶型胶粘剂。这里仅列举糯米糨糊、聚乙烯醇及其缩甲醛胶粘剂。

①糯米糨糊：糯米糨糊是在糯米粉内掺入适量的水和少量的白矾，经过煮沸、搅拌成糊状物质。糨糊不但黏性很大，而且干燥后使部件坚硬牢固，因此在靴鞋生产中常用糨糊粘贴主跟、包头及其他部件。在正常使用条件下，糯米糨糊有良好的粘接性能，但受潮后容易使部件生霉，为了克服这种缺点，在糨糊内须加防腐剂（石碳酸或福尔马林）。现在有些制鞋厂仍在使用糯米糨糊。

②聚乙烯醇及其缩甲醛胶粘剂：聚乙烯醇（PVA）是一种水溶性合成树脂。聚乙烯醇胶粘剂就是将聚乙烯醇放在水中浸泡，在搅拌下加热到 80~90℃，直至胶液呈浅黄白色的透明液体即可。这种胶保持在一定温度下，可以直接使用。

聚乙烯醇缩甲醛是由聚醋酸乙烯酯经皂化制得聚乙烯醇，然后再由聚乙烯醇与甲醛进行缩化反应而得聚乙烯醇缩甲醛胶粘剂（属于化学糨糊）。聚乙烯醇缩甲醛胶粘剂用于绷楦工序粘主跟、包头。

2. 溶剂型胶粘剂

溶剂型胶粘剂是将天然或合成的树脂、橡胶或塑料，溶于适当的可挥发溶剂中，加入或不加入填料，配成一定浓度的溶液，或将单体直接缩聚为一定固体含量的溶液，这些都称为溶剂型胶粘剂。它不包括以水为溶剂的胶粘剂。

①天然橡胶胶粘剂（汽油胶）：天然橡胶胶粘剂分溶剂型、胶乳型两种。溶剂型橡胶胶粘剂通常是采用 120#汽油为溶剂，黏附性强，黏合速度快，适用于制帮抿边、粘鞋里、镶接、粘鞋垫以及粘解放鞋的围条与鞋面。胶乳型（天然橡胶乳）胶粘剂不使用溶剂，在布鞋、皮鞋、橡胶鞋中应用。

②聚氯乙烯树脂胶粘剂：一般是将聚氯乙烯溶解于四氢呋喃、环己酮等溶剂中，配制成胶粘剂，主要用于聚氯乙烯粘接。

第四节　辅助材料基础

在鞋类产品加工过程中，通常会使用多种辅助材料配合完成鞋品的整体制作，主要使用的辅助材料分为两大类，分别为加固类辅助材料和装饰类辅助材料。

如果按生产工序划分，这些辅料又可以分为制帮用辅料和制底用辅料。在制帮材料中，各种鞋面革、鞋里革、合成鞋面革、里布等均称为主料，而各种缝纫线、纱带、橡筋布、鞋眼圈、鞋钎、装饰件、胶粘剂等均属于制帮用辅料。在制底材料中，各种天然底革、合成底革及各种材料的鞋底、鞋跟也都称为主料，而像勾心、麻线、填底心料、蜡饼、圆钉、包鞋纸等则都属于制底用辅料。

一、加固类辅助材料

1. 鞋钉

鞋钉种类很多，如圆钉、橡皮钉、秋皮钉、螺钉等各种专用鞋钉。这几种鞋钉是生产一般鞋常用的鞋钉，此外还有一些专用于运动鞋上的鞋钉。在生产跑鞋、跳鞋等运动鞋时，为了防止鞋底打滑，在鞋底上要安装钉子。这种钉子的钉尖从鞋底穿出，在跑跳时能牢固地抓着地面，有很好的稳定作用，这一类鞋钉称为跑跳鞋钉。在生产足球鞋时，鞋底上也装圆头鞋钉，称为足球鞋钉。类似的还有高尔夫鞋钉等。

2. 勾心

勾心是使用在鞋底腰窝部位的起支撑作用的底部件。一般把勾心安装在内底和半内底之间。勾心是由冷轧钢条冲压而成，具有一定的硬度和弹性。在平跟鞋上，也可以用竹片及其他合成材料代替钢勾心。在中高跟鞋上，如果使用铁质勾心，则容易造成鞋底跷度变形，穿着不舒服、不稳固。一般在勾心的两端都各有一个孔眼，用来固定勾心的钉眼位。

勾心的规格常用大、中、小号来表示，号数不同长度也不同。使用勾心时，除了选择适当的规格外，还应当注意勾心的使用位置及勾心的跷度。一般将勾心放置在内底分跷线上，前端距第五跖趾部位宽度线在 5~7mm，后端距鞋底后跟端点 25mm 左右。勾心位置太靠前，容易磨破外底；位置太靠后时又起不到托住脚心的作用。勾心的跷度应当与楦底跷度一致，在勾心压形时应压出跷度，跷度不合适时可用榔头砸一砸，直到合适为止。

此外，由于鞋类制造技术的不断进步，现代生产过程中，大多数勾心部件已与中底部件合为一体。也可以说，是作为一个整体直接应用于鞋体成型。

3. 加固鞋底的金属件

为了防止鞋底过早地被磨损，或磨损后做一些补救，常用一些金属部件加固鞋底，如前掌铁、后跟铁、钢圈等。

①前掌铁：前掌铁是使用在外底尖部位的金属部件，能提高鞋底的耐磨性能。前掌铁是用 2.5~3.5mm 厚的钢板冲压制成的。成型的前掌铁应具有一定的跷度，和鞋底前尖跷

度相配合。

②后跟铁：后跟铁是使用在鞋跟面上的金属部件，同样可提高鞋跟的耐磨性能。后跟铁的形状有多种，常见的有半月形、马蹄形、三角形、橘瓣形等，后跟铁也可以叫作铁云，是一次浇铸成型的。有的铁云上留有钉孔，便于用鞋钉钉合；也有的铁云上铸有钉尖，可直接钉合。

③钢圈：钢圈的作用和后跟铁相同，其形状如同马蹄形，并且有一定的高度。钢圈由低碳钢薄钢板冲压而成，使用时直接砸入皮掌面内。

二、装饰类辅助材料

在制鞋生产中，除了主要原料外，还需要很多装饰类辅助材料。

鞋辅料品种较多，如果从材料质地划分可以分成金属、纤维、化工材料等。下面将列举金属材料、修饰材料、防护材料、包装材料。

1. 鞋帮面装配的金属部件

在装配鞋帮时，也常用一些金属部件，起到连接、加固、防护及体现立体美感等作用。常见的部件有鞋眼圈、鞋钎、铆钉、四合扣、拉链、装饰件等。

①鞋眼圈：鞋眼圈是装配在鞋眼孔上的金属件，有保护鞋眼不被拉豁、变形的作用。鞋眼圈有套眼圈和钩眼圈两种。套眼圈形状为圆筒形，圆孔的直径是鞋眼的主要尺寸。制造鞋眼圈的材料多为铝板和铜板，有本色和喷漆的不同效果。鞋眼圈的硬度要适宜，以保证鞋眼角卷曲后较平整，防止裂痕割伤鞋带。

②铆钉：铆钉是用薄铝板或铜板经机械挤压而成。两件为一套，一件是凸形的叫作铆盖，另一件是凹形的叫作铆心。铆钉多用于加固前后帮的接头处，使之不致在加工和穿用过程中造成口门处撕开。铆钉的大小要根据产品材料的厚薄来选择。装配铆钉时，首先在前后帮的缝合线中间或缝合线的一侧打孔，铆心自底面穿入，铆盖再覆盖其上，用专用工具钉合后，铆盖的下角在铆心里膨胀，便可牢固地结合起来。

③四合扣：四合扣常用于帮部件的连接，有一定的开闭功能和装饰美化效果。四合扣的作用类似于子母扣，但它由四个单独部件组成。上部件相当于母扣，由扣盖和扣心组成，与帮部件结合时起到类似于铆钉的作用；下部件相当于子扣，由扣托和扣碗组成，与帮部件结合时也起到类似于铆钉的作用。

④鞋钎：鞋钎也是一种起连接作用的金属部件，由于钎子的造型美观多样，也起到装饰美化的作用。鞋钎有带钎针和不带钎针两种类型，制鞋中多用带钎针的鞋钎，装配在各种钎带鞋上。

⑤金属装饰件：在鞋帮的装配中，还用到一些金属部件，起到装饰美化的作用。此类产品的规格、尺寸、花色、样式都很多。较长的金属部件长度可达70mm，最短的却只有2~3mm。有的金属部件是用铝板冲压再进行电镀制成的，也有用铜板冲压后再镏金描漆的金属件；有的金属部件是用皮条穿连来固定的，还有的则利用金属部件下角直接穿入面革内折回来固定。

2. 鞋用修饰材料

皮鞋在生产过程中，经过一系列的加工和操作，很难避免鞋表面的光泽和颜色不受一点损害，为了恢复和保证鞋的整洁、美观等需要，要进行一定程度的修饰或保护，这些专门用来修饰鞋帮、鞋底的材料，统称为鞋用修饰材料。

①鞋帮的修饰材料：在成品鞋的后期整理过程中，鞋帮面有修补轻度伤残、喷涂光亮剂、保护革面等工序。常用的修饰材料有颜料膏、酪素光亮剂、虫胶光亮剂、硝化纤维光亮剂、丙烯酸树脂光亮剂、聚氨酯光亮剂以及鞋油、保革油、鞋粉等。

②鞋底的修饰材料：在鞋底部件的制备过程中及成品鞋的后期整理中，也要用到一些修饰材料对鞋底部件进行喷涂，增加鞋底的平整性、光亮度，使鞋底颜色均匀一致，常用的鞋底修饰材料主要有染料水、蜡、蜡制品、硝基漆等。

第四章　鞋类造型基础知识

本章导学：

本章是对鞋类造型基础知识的学习，主要讲述鞋类美术基础知识和鞋类造型设计方法。在鞋类美术基础中，介绍素描基础知识、色彩基础知识及构成基础知识；在鞋类造型设计方法中，分别以女鞋、男鞋、童鞋为例进行设计理论方法的介绍。

第一节　鞋类美术基础

一、素描基础

基本概念：在绘画艺术中素描是指一切所有的单色绘画。

基本分为线素描和光影素描，线素描是中国绘画的主要特征，西方绘画也很讲究线的运用，但其特点和中国绘画有很大区别，首先是由于使用的工具不同，所以目的取向也不同，有硬笔和软笔的区别。线素描着重表现形体的形状和结构，光影素描表现形体受光后所产生的形态、立体空间关系等。

1. 素描的基本分类

从绘画风格方面来讲，素描分为写实素描和意向素描。一般来说，写实素描是比较尊重客观实体的特征，意向素描是比较强调画家本人的主观感受和想法。

素描是绘画艺术造型语言的基础，除了色彩方面的内容外，素描包含了绘画造型艺术的一切基本法则、规律和要素。因而，对造型的基础训练来讲，素描可提供认识论和方法论的研究内容。素描是绘画领域中一种独立的表现手段和艺术样式，是一个独立的画种。写实素描帮助我们解决造型艺术中诸多最为基本的问题，告诉我们如何画出你所看到的东西。也可告诉我们如何去表现自己想要表现的感人画面。

2. 素描的工具材料

①铅笔：笔芯由石墨和胶泥混合制成，其软硬以字母 B、H 来区分，B 为软、H 为硬。铅笔易着色又易擦、易改，柔和细润，可以刻画出深浅和不同层次的丰富调子，易掌握，由于铅笔的黑度有限，和白色对比较弱，画面有时缺乏力度。

②炭笔：笔芯由炭粉与黏合剂制成，分为软、硬、中性三种，炭笔质地较铅笔松脆，颜色深重，画面的效果强烈，表现力丰富，着色强，难擦改。

③炭精笔：是炭粉、胶、动物的混合物，分黑、棕两色，它比炭笔更为松软，色浓重细润，用笔可粗可细，表现力强，但着色强，难擦改。

④木炭条：由细木枝密封燃烧炭化而成，质地松脆，色调柔润丰富，但附着力差，易掉色，难深入刻画。

⑤钢笔：水之色，表现有局限性，深浅色调由不同疏密的线条排绘而成，组织线条很讲究。

⑥橡皮擦：用于涂改、擦浅、柔滑色调。

⑦纸笔：用毛边纸、宣纸卷裹而成，将其前端削尖如笔状，用以擦、揉色调，也可借助黏着的颜色，画出细腻丰富的色调效果。

⑧纸：专用素描纸，也可根据个人爱好来选择不同薄厚、不同粗细面的纸。

3. 写实素描的观察方法

①整体观察：将目光掠过对象的细枝末节，排除琐碎的局部信息，抓取一个明确的整体印象。

②相互比较：把此物与彼物或同一物体的此处与彼处相比较，观察其造型特点、确切位置、色调分寸、质感特色等，将对象的每一个视觉信息都纳入一个相互关照、互为依据的观察系统中，而不是孤立片面地理解对象。

③由表及里：表即物体的外部现象和形态，里即物体的内部构造，表面的内容总有其内部缘由，而内部的构造又总是呈现出某种表面的特征。这是一个分析理解的问题。这种思维（态度）对掌握造型规律是至关重要的。

4. 素描造型的基本要素

①形与体：形即物体的平面形状，体即物体的体积。

②形体与体面：体面即物体外表的面向。体面包括方向、性质、大小、衔接、连接。三个以上的体面汇聚交接成尖角，凸起为"高点"或"骨点"，凹下去的为"低点"或"伏点"。

③线与面：相生相依的关系。

④结构与形体：结构是形体的内在本质，形体是结构的外部呈现。

⑤光影调子：主要是体现物体的立体效果，从而实现视觉上的空间感。

5. 写生的方法和步骤

①起稿：画面中物象摆放合理并富于美感。轮廓准确，内外关照。

②塑造形体：应在整体—局部—整体的循环中把握调整大的形体关系。

③画边缘线：根据物体的前后关系与形体转折关系，结合背景调子的处理，表现出虚实相映、强弱有致，从而实现物体的空间效果。

④深入刻画与整体调整：局部的深入刻画可训练敏锐的观察力和细腻的表现力。整体调整是保持画面既有丰富的层次变化又不零碎，虚实强弱有序。

二、色彩基础

1. 色彩感觉

敏锐而丰富的色彩感觉对于设计师来说非常重要。色彩感觉有先天的成分，但对于设计师来说，更多的是后天培养。色彩对于画家和产品设计师来说，应用的形式和要求大不一样，前者运用色彩是对情感、理想的宣泄工具，是表达心声的工具，而后者使用色彩是根据产品使用者的喜好、产品特点和流行时尚来赋予产品色彩。色彩感觉是靠多方面努力和较长时间才能够获得的。对于产品设计师来说，一方面要学习、掌握色彩基本理论，另一方面须通过大量的设计实践来增加色彩在产品实际应用中的感觉和经验。

色彩感觉中的情感性和象征性具有很强的时代性、民族性、地域性和生理性。每个民族都有自己特别喜欢的颜色，中华民族历来喜爱红色；阿拉伯民族喜爱绿色；欧美人喜欢咖啡色。色彩的地域性表现在不同地方的人对色彩感觉不一样，如南美洲人普遍喜欢黄色，而欧洲人对黄色不感兴趣。色彩感觉的生理性是指人的性别和年龄对色彩的认识和感受差异，如女性一般喜欢浅色、鲜艳色、粉色，而男性多数喜欢深色和灰色，儿童则喜爱高纯度的鲜艳色。因此，色彩感受中的情感性和象征性具有相对性。以下介绍一些常用色彩的特性。

①黄色：在有彩色系中，黄色是最为明亮的颜色。它给人以光辉、灿烂、华贵和辉煌的感觉。在中国历史上，黄色是皇家专用色，故黄色象征权力。由于黄色过于明亮，致使它的色彩或者说色感在实际应用中对视觉的冲击要弱于红色和橙色。在鞋类设计中，黄色特别适宜于童鞋，其次是运动鞋、旅游鞋。黄色在童鞋上应用时，最好与其他色搭配使用，并且面积不要过大。黄色在运动鞋和旅游鞋上使用主要是点缀，黄色的明亮、轻柔比较适合于女性的旅游鞋与运动鞋。

②红色：在所有颜色中，红色是最具视觉冲击力和感染力的颜色。心理学实验证明，红色可使人肌肉紧张，血液循环加快，情绪高昂、激动。红色在中国象征着喜庆、吉祥。红色给人的感觉是热情、喜庆、危险。

红色在鞋类设计中有较大的应用价值，主要用于女鞋、童鞋、运动鞋、旅游鞋和前卫鞋，在女鞋中又比较适合于凉鞋、时装鞋。鲜亮的红色有更好的应用性，暗红色不要轻易使用。红色的面积大小对鞋类的视觉效果影响很大，用鲜亮红色做成的高筒靴，要比用同样颜色做的浅口鞋的视觉冲击力大。在鞋类设计中适合与红色搭配的有白色、黑色和银色。

③橙色：橙色的色彩效果接近红色，橙色常给人以甜美、快乐、健康和幸福的感觉。在所有暖色中，橙色显得温暖、富有人情味。

橙色特别适宜用于童鞋和少女穿用的鞋，使人感到热情洋溢和充满欢乐，在女凉鞋、运动鞋、旅游鞋和时装鞋上运用效果也会很好。

④绿色：鲜亮的浅绿色、嫩绿色充满勃勃生机。绿色让人联想到森林、草原，象征生命、和平、清新、希望等。

暗绿色、草绿色、灰绿色一般不适宜用在鞋类上，只有迷彩军靴上的暗绿色或草绿色才能被人们所接受。鲜亮的浅绿色、嫩绿色用在童鞋、少女鞋、运动鞋、旅游鞋、时装鞋上，可以取得较好的效果。这些绿色不适宜大面积用在鞋上，与白色、黄色、橙色、蓝色等搭配最理想。

⑤蓝色：蓝色是充满魅力的颜色，它使人联想到海洋、天空，有博大和永恒感。纯净的中明度蓝色透露出一种理性之美。蓝色是富有男性气质的颜色，给人的感觉是理智、秩序、冷静、诚实、深邃、崇高和永恒。

比较暗的蓝色很少用在鞋类上，浅蓝色应用较广，主要用于童鞋、女凉鞋、时装鞋、运动鞋、旅游鞋。和绿色一样，蓝色适宜较小面积的运用，适宜与白色、浅绿色、橘黄色、橙色等搭配组合。

⑥紫色：紫色给人的感觉复杂。明度很暗的紫色会给人以恐怖、不祥之感。浅紫色显得比较优雅、可爱。紫色基本上是女性专用色，在鞋类设计上主要适用于少女穿的休闲鞋、凉鞋、旅游鞋（作为点缀色）。浅紫色比较适合搭配的颜色有白色、浅黄色等。对于紫色，设计师要谨慎使用。

⑦黑色：黑色属于无彩色系，在整个色彩体系中，黑色是一个极端色。黑色在东西方有着不同的象征。在中国民间，黑色是被认为不吉利的颜色；在西方，黑色在服饰中却是一种庄重、体面之色。黑色使人联想到漫漫黑夜、永恒、无限、坚毅、博大、稳重、深邃、悲哀、恐怖等。

黑色在鞋类中运用得最广泛，除了幼儿鞋、儿童鞋较少运用，其他鞋类几乎都可以运用。也正因如此，黑色的鞋类如果不配合其他造型要素的很好设计（如楦型、结构式样、材质、配件等），很容易平淡无奇。把"平凡"的黑色用成不平凡的黑色，是鞋类色彩设计中的难点，也是对鞋类设计师能力的考验。黑色与白色巧妙搭配时，黑色的感觉会非常美妙。

⑧白色：白色属于无彩色的另一端。白色用于服饰可以给人增添一种非凡的气质（整体白色服饰）。白色表达的含义是纯洁、高贵、神圣、整洁、高尚等。白色为绝大多数城市青年女性所喜爱，是服饰产品应用较多的色彩之一。

白色在鞋类色彩设计中占有重要地位。除部分职业鞋不能使用外，其他所有鞋类都可以广泛运用。白色最适合的鞋类有运动鞋、旅游鞋、凉鞋、童鞋、礼鞋等。白色既可以单独使用，也可以与其他色彩搭配。白色具有很好的协调性及搭配性，它能与所有的色彩组合，尤其与高纯度色搭配效果更佳。白色在鞋类应用中面积大小对设计效果影响很大，如白色浅口鞋就不如白色低筒靴引人注目，而白色低筒靴又不如白色高筒靴更有视觉吸引力。白色与其他造型要素配合的时候应注意其协调感和对比感，如形态不宜太怪异（时装鞋、前卫鞋除外）；材料以光泽感适中的优质真皮革为好，装饰工艺要精致，不宜粗犷；装饰件同样要精细，并且以金色金属件或晶莹剔透的仿宝石饰件配合最佳，这样才能与白色的内在整体风格上相统一。

2. 色彩设计特性

鞋类色彩设计应以客体为主，而不应以设计师的个人好恶作为设计的出发点。所谓客体为主的色彩设计是指设计师在进行色彩设计时，用什么颜色、怎么搭配不是单纯凭借设计师的主观想象和感觉，而是由特定消费者、鞋的种类、色彩流行情况、材料情况等因素决定。例如设计师设计一款男正装鞋，他不能因为自己喜欢红色，就把这款男正装鞋也设计成红色。还有，如果消费者对鞋的流行色彩比较敏感，而设计师非要别出心裁，那么产品投放市场将冒很大的风险。

鞋类色彩与材料质感有很大联系。同一种颜色在不同质感的鞋面材料上给人的感觉大不相同，这一点对设计师来讲应该引起足够注意。例如中性灰在绒面革上给人的感觉温文尔雅，但中性灰运用在光滑的漆革上，便会给人以一种硬朗、干练的感觉；如果做成有金属光泽感的银灰皮革（银皮），则会产生未来感和前卫感。白色全粒面鞋面皮革做出的靴子给人感觉高雅、端庄；换成白色漆皮革，用它制成的靴子就有一种轻浮、浅薄的感觉。

因此，设计师对色彩的认识不能只看它一般的属性，还要看这种颜色的材料特定质地所带来的感觉，充分认识到材料质地与色彩属性的相关性。

3. 鞋类配色基本方法

配色是指两种或两种以上颜色的组合搭配。有时设计师为取得对某种主题的表达或达到某种设计目的，用单一色彩去表现产品，也是一种配色设计。在正装鞋中，三节头鞋、舌式鞋和浅口鞋一般用单色配色。旅游鞋、休闲鞋、运动鞋、童鞋和时装鞋一般用 2~3 种颜色来搭配。

概括地讲，鞋类配色有五种主要形式：

（1）色彩的色相要素配色

色彩的色相要素配色是指运用色彩的相貌变化或运用某种色相的特定表情语言对产品进行表现，使之在产品整体造型美感中发挥重要作用。

①单一色配色：单一色配色是设计师将一种颜色赋予鞋类就能达到设计目的的配色设计。例如，用单一的鲜红色皮革做出的高筒靴，结合新颖的装饰件，可获得一种高纯度红色调所特有的视觉冲击力。

②类似色配色：类似色配色是在色环上选择角度为 30°~60° 的颜色进行配色。类似色配色容易取得协调感，多用于休闲鞋。

③对比色配色：对比色配色是指色环上角度为 120°~150° 的颜色的配色。此种配色能取得明快、活泼、鲜明的视觉效果，适合于运动鞋、旅游鞋和童鞋等。

④补色配色：补色配色是指在色环角度为 180° 的两种颜色的配色。最典型的补色是红色与绿色、黄色与紫色、蓝色与橙色。其中蓝色与橙色在运动鞋、旅游鞋和童凉鞋设计中最常用。

（2）色彩明度要素配色

色彩明度要素配色是指设计师用色彩的明度变化来对产品进行色彩表现。明度调子是指色彩在明暗程度上呈现出的总体倾向性，包括高明度、中明度和低明度三种，其中高明度配色在童鞋上使用较好，其他两种明度调子在鞋类配色上的作用不很明显。

色彩明度差配色是色彩明度要素配色重要组成部分，在产品配色设计中运用广泛。色彩明度配色主要有以下三种形式：

①低明度差配色：又叫短调配色。它的特点是色彩之间明度接近，呈现出一种柔和、协调的配色效果。

②中明度差配色：又叫中调配色。由于色彩的明度有一定距离，配色效果较为生动、活泼。

③高明度差配色：又叫长调配色。这种配色由于色彩的明度差距很大，配色效果特别生动和醒目。

（3）色彩纯度要素配色

色彩纯度要素配色是指运用色彩纯度变化来进行产品的色彩表现。色彩纯度越高，其配色效果越显活泼、单纯和具有动感；色彩纯度低，"灰"性强，色彩看上去显得富有内涵、沉稳。纯度要素配色一般有以下三种形式：

①低纯度配色：低纯度配色是指产品色彩整体上呈现一种很"灰"状态，色彩含糊、

不很明确。低纯度配色给人感觉含蓄、深沉，有成熟感，多用于休闲鞋、运动鞋和旅游鞋。

②高纯度配色：高纯度配色是指红、黄、蓝、绿、橙等纯度较高的颜色组合搭配。高纯度配色鲜明、生动，表现出青春的活力。这种配色设计多用于童鞋、旅游鞋、运动鞋和时装鞋。

③低纯度与高纯度对比配色：在这种配色设计，中低纯度色应该占据大部分面积，高纯度只起点缀作用。另外，这种配色方法两种颜色应是对比色或互补色，高明度的低纯度色与高纯度色搭配，可以取得一种对立统一的色彩效果。这种配色给人感觉高雅，富于艺术性，适合用于休闲鞋、运动鞋、旅游鞋和童鞋等。

④无彩色与有彩色配色：无彩色系的黑、白、灰不仅自身具有丰富的内涵和魅力，而且还能与有彩色系颜色很好地搭配。无彩色系中的黑色和白色与高纯度的红色、黄色、蓝色、橙色、绿色搭配组合，可以取得一种既鲜明、生动，又稳定、和谐的效果，在这种搭配中，一般黑色和白色要占据鞋类大部分面积。

（4）鞋类配色法则

在了解鞋类配色方法的基础上，还需要了解色彩在鞋类产品上的部分构成法则。

①呼应法则：色彩呼应法则在鞋类配色构成中表现为某种色彩在鞋类上不是一种单独存在，而是在同一只鞋的某个部位上有相同或类似的色彩与之相呼应。色彩呼应法则在旅游鞋、童鞋、休闲鞋、运动鞋、时装鞋上运用广泛。

②对比法则：色彩对比法则是利用色彩某种性质上的差距，如色相、明度、纯度或冷暖，使鞋类色彩效果醒目、强烈。此种配色法则多用于童鞋、运动鞋、旅游鞋和时装鞋。

③统一法则：色彩统一法则是指鞋类配色构成中所呈现的统一性。它有两种表现形式：一种是单一色相的统一，另一种是类似色配色的色彩协调统一。统一法则配色适合正装鞋、休闲鞋等鞋类。

④强调法则：色彩强调法则是通过色彩的强调运用，表现鞋类某个重点部位，以展示设计特色或商标品牌。色彩强调法则与对比法则的区别是：前者是用色彩刻意表现某一部位，以引起人们对该部位的注意，有很强的目的性；后者则纯粹是追求一种生动、鲜明的配色效果。当然，色彩强调法则的实施离不开运用色彩的对比法则。

⑤节奏法则：色彩设计的节奏感表现为色彩有规律的反复再现。对色彩进行节奏感的运用，可增加鞋类活泼的气氛和动感，因此，这种法则特别适宜于青少年的鞋类设计。

⑥流行法则：鞋类色彩在一定时期和范围内会有流行性，符合流行的配色设计，产品容易在市场上取得成功。因此，设计师进行设计时通常要把流行色彩融合于产品色彩设计中。设计师运用配色流行法则要注意考虑产品对象对流行色彩的接受程度，如果产品消费对象对流行色彩并不敏感，那么，设计师可以不必过多考虑流行色彩这一因素。

⑦创新法则：色彩是鞋类设计的重要部分，在某些鞋类中表现尤为突出，如童鞋、运动鞋、旅游鞋、时装鞋。求新求异是人的一种本能，按照一定配色法则和方法设计出的色彩有时会导致色彩缺乏新意。因此，设计师在进行鞋类产品色彩设计时，既要掌握一定的色彩构成法则，更要有一种色彩设计创新的能力。鞋类配色创新就是突破鞋类一般配色规律及感觉，创造一种新的配色效果。

三、构成基础

1. 形态构成基础知识

鞋类造型设计实质是创造一种新形式，这种形式创新是鞋类设计工作的主要职责与内容，鞋类造型设计是实用与艺术相结合的设计。鞋类造型设计不能只从纯艺术的、审美的角度来考虑，还应该考虑特定消费者的需求、结构构成、材料、工艺技术、设备加工、流行时尚等方面的因素。

对鞋类形态的研究和创造必然要对构成形态的两个方面——平面构成和立体构成进行研究和学习。平面构成和立体构成有较为复杂的知识内容，本节只是从应用角度出发，作浅显的介绍。

（1）平面构成

平面构成是在二维平面内对平面图形按照一定的秩序和规律进行分解组合，从而构成一种理想形态的造型活动。

平面构成是一种既艺术又理性的形态实践创造活动。既要创造一种形态审美的价值，又要完成一种实用功利目的，平面构成在注意把握平面图形之间的比例、平衡、对比、节奏等的同时，又要追求平面图形自身所蕴含的一种意义。在鞋类产品设计中，这种图形的意义应与产品使用者的心理需求相吻合，例如直边的长方图形（帮部件、楦头式、装饰件等）给人挺拔的感觉，对于产品定位为白领职业女性或男性的鞋来说比较适合。

学习平面构成，即研究和运用各种图形的性质及视觉感觉。加强设计师对图形敏锐的感受力，认识、感受和把握图形传达出来的内涵与意义，对于鞋类设计人员的培养非常重要。在鞋类造型中，平面构成手法应用广泛，如帮部件形状除了要从楦型特点、结构、工艺、套裁等方面考虑，在此基础上，还要从图形的涵义和按某种秩序、法则形成的美的组合构成上来考虑。另外，鞋类帮面上和大底上用各种装饰工艺做出的图形、图案，在其排列组合上也可以应用平面构成更好地完成。

（2）形的涵义

形是人的视觉对物体轮廓、体量、构造方面的一种感知。人们在长期的生活实践中，积累了对各种形态的认识和感觉经验，其中许多对形态的认识和感觉存在共性。鞋类设计师在进行鞋类形态设计时，就是针对不同类型消费者对某种形态的共性感受去设计、组织形态，以求达到消费者对设计出的鞋类形态的认同和喜爱。形从大的方面看有现实形和抽象形两种。

（3）形的构成元素

人所以能够感知到大千世界的各种形象，是因为各种物体由形状、大小、颜色、肌理等元素所组成。千差万别的形象也正是因为以上构成形象的元素不同所造成。从造型设计艺术上说，设计师就是对这些形的视觉构成元素从审美、象征、材料、工艺、经济流行、市场等各个方面综合考虑、研究和把握。设计师对视觉元素把握得好坏，是整体造型设计好坏的关键。

①形态：形态是指物体的轮廓、体量和结构的一种形体形象存在。在这里它既指平面形，也指立体形。设计师对形态的认识、研究和把握主要分为两个方面，一是要认真观察、分析和积累不同形态所具有的性质及给人的心理感觉，如自由曲线（面）的舒展、轻

松、自由的感觉，折线尤其是直角折线和直角面（体）给人以刚毅、坚强、固执、僵硬、信心、严谨等感觉；二是要研究和发现同一形态由于位置、方向、数量（包括数量组成的形状）、颜色、大小、肌理等方面不同所呈现出的心理感觉。

②大小：大小是物体形态面积或体量之间的比较关系及差异，在其他视觉元素相同情况下，大的物体面积或体积视觉冲击力强，引人注目。例如鞋类从外观形体整体上看，如果鞋类的颜色、工艺、造型特点等一样，高筒靴要比浅口鞋或低筒靴引人注意得多。

③颜色：颜色是物体形象的重要组织部分，颜色的作用、意义和感觉，前文已有简要介绍，这里不再重述。

④肌理：肌理在这里是指物体表面的一种组织结构特征。从造型角度看，肌理分为视觉肌理和触觉肌理两种，例如，木头有自己特有表面组织，因此，它有自己的特有肌理；皮革同样也有自己的表面组织，它也有自己特有的肌理。通常情况下，天然物品或材料用于人们生活中的时候，保持其天然肌理比较好，如木质家具上呈现出的天然花纹、皮革的天然粒面等都给人以舒服的感觉。

（4）形的关系元素

在产品设计中形在运用时常受方向、数量和位置等因素的影响，为此将这些影响形的因素称之为形的关系因素。形的关系因素对形的运用效果影响很大，设计师在进行造型设计时应对这些因素同样给予重视。

（5）点、线、面

平面构成或者说平面造型总离不开点、线、面，它们是平面造型设计形象组成的根本元素，因此，也称它们为平面构成或者说平面造型三要素。对平面构成的研究及其应用，自然要对这三要素进行深入的了解和把握，设计师若能控制好三要素在平面造型设计中的属性、组织等关系，那么，设计师获得一个好的平面造型（构成）效果也就不难了。

平面构成或者说平面造型设计对于鞋类造型设计来说主要体现在帮面上的点、线、面的构成设计。点、线、面在鞋类产品造型中既有客观性存在，也有装饰性的存在。客观存在的"点"有鞋眼圈、钩眼圈、鞋钉、商标标志等，"线"有鞋带和缉线线迹，"面"就是一定形状的帮部件。装饰性存在的点、线、面是设计师根据一定条件和要求在帮面（有时也包括鞋底）上组织的点、线、面图形。平面构成中的点、线、面的构成设计在鞋类造型工作中具有很大的应用价值，可以说，鞋类帮面造型设计离不开对点、线、面的设计。

2. 立体构成

立体构成是用某种材料按照一定秩序、法则创造的一种立体空间形态。

立体构成与平面构成的研究从总的目的上说是一致的，都是培养、训练形态创造思维能力。平面构成是在二维平面中对图形的一种理想把握，立体构成则是在三维空间中对形态进行一种立体空间的理想把握。

在鞋类造型设计中，立体构成体现为帮部件和底部件立体的构成造型，也就是帮部件和底部件各个部分组合构成时，部件间具有一定空间量，在不同角度下观看，形体感会有一定的变化。立体构成主要应用于凉鞋、时装鞋、休闲鞋和拖鞋的造型设计。

鞋类造型设计中的实用立体构成与单纯的立体构成训练有一定区别，纯粹的立体构成训练，只要材料性能及加工允许，设计师可任意发挥想象力，创造尽量新颖的空间造型。

5. 女休闲鞋配件造型元素设计

装饰配件和兼有装饰功能的实用功能配件（如固定鞋带的配件、品牌标识配件等）在整体造型中可发挥重要作用，配件设计与运用得好，可以使其成为休闲鞋造型的视觉中心。女休闲鞋上较适合的配件材料有木制品、竹制品、绳子、带子、塑料制品等。影响配件设计与运用效果的因素有配件的造型、色彩和质感，配件与鞋的整体造型风格是否协调，配件的造型大小、配件数量、配件的放置位置和配件组合造型是否有新意等。

二、男正装鞋造型设计

男正装鞋是一种常见鞋类，一般与西服等正统服装搭配。男正装鞋也称为绅士鞋，指外观造型庄重、大方、无过多装饰的男鞋（图4-2-2）。最为经典的传统男正装鞋是内耳式三节头皮鞋（牛津鞋）和外耳式三节头皮鞋，绊带耳扣式鞋（也称僧侣鞋Monk）也属于正装鞋类。现在男正装鞋已不仅局限于以上几种式样，造型大方的外耳式男鞋和围条围盖舌式鞋等成为正装鞋新的流行式样。

男性穿正装鞋一方面是为特定场合需要，要与西服、礼服相搭配，另一方面男性选择穿正装鞋也是为了显示自己的修养和地位。因此，男正装鞋设计必须是在高贵、典雅、大方的总体造型风格下进行，并在产品中充分表现出一种精致的工艺美感，即必须有精湛的工艺。男正装鞋设计特点是造型要素变化微妙、幅度较小，注重各造型要素之间的协调性。高档正装鞋设计特别注意对高档材料的选用，包括鞋面材料、鞋底材料、配件和各种辅科。

图4-2-2　男正装鞋

另外，正装鞋设计造型和材料具有较强的流行时尚性。传统式样三节头正装鞋的造型款式基本是固定程式化的，一般不对其进行太大的设计变化，像包头长度、中帮长度和鞋身的长度之间都有固定的比例。当然，以上固定的各部件造型、比例、位置不是绝对不可以改变的，略微的变化也是允许的，如鞋型（楦型）稍微加长、变薄等。但传统式样几近完美，人们对它的审美也已形成格式化，为满足这一部分消费者的需求，传统式样三节头正装鞋在造型设计上可以基本保持不变。

1. 正装风格男鞋形态造型元素设计

男正装鞋形态设计主要有头式造型设计和帮部件分割造型设计两个方面。正装男鞋头式形态造型设计实质上也是对楦头式的设计变化。对绝大多数企业来说，正装男鞋设计开发中的头式形态设计变化，首先要遵循流行或即将流行的正装男鞋头式基本造型特点，即在男鞋头式的俯视二维造型特点上与将要流行或正在流行的男鞋头式二维造型保持一致。设计变化的创新点在于对正装男鞋头部形体上方进行或"线"或"面"的凸起变化，在进行或"线"或"面"的凸起造型时，设计师要注意设计的含蓄、新颖。

帮部结构分割造型设计应该说是男正装鞋设计中运用得最为广泛的造型变化内容之

一。男正装鞋通过帮部件的分割造型变化既可以形成新的视觉美感及造型价值，同时还可以更加合理和经济地使用材料。由于男正装鞋上的分割线既要新颖又要简练，因此，男正装鞋的帮部件分割设计具有相当难度。男正装鞋帮部件分割造型不仅要注意线条的美感与新颖，还要十分注意分割后的帮部件比例及其造型上的协调感。

男正装鞋帮部件分割造型通常以纵向分割为主，重点是对前帮进行分割，后帮分割一般多在鞋口沿附近。男正装鞋帮部件分割一般以 2~4 条对称的分割线为宜，不宜分割过多、过碎，也不宜进行封闭式的分割。分割线的创新点在于线条的形状和位置选择，其中位置选择包括线条的起始点和对帮部件左右或上下比例分配点的选择，线条起始点选择决定了线条的长短。男正装鞋上的线条造型既不能过于直，又不能过于曲，应是以直为主、直中带曲有一定柔和感的直线。前帮分割线条造型一般是线条中间部分直一些，接近两端部分要弯曲一些，并且弯曲的曲度或弧度既要新颖又要与楦头部和楦背相应部位的曲度或弧度相接近。分割线条曲度造型是男正装鞋线条造型最为关键的把握与变化内容，它决定了线条的造型美感价值。另外，前帮分割线条的左右和前后位置安排也非常重要，分割线条的左右安排决定和影响了分割后的两边帮部件的大小比例，平分或过分悬殊的分割比例都是要避免的；线条前后位置安排决定了线条长短，长线条分割可以使男正装鞋前帮显得修长、舒展，如果男正装鞋上有 4 条分割线，那么，主分割线条一般是较长的，并且居于前帮主要显眼的位置，另外 2 条副分割线条要短一些，位置通常安排在主线条的上端或下端，线条走势与主线条基本平行，并且通常有一端要与主线条相接。如果是有围盖的男正装鞋，围盖分割造型一般要与楦头式的造型特点相一致。即围盖两侧线条和前端线条走势要与楦头部两侧线条和前端线条走势相一致。如果做进一步的分割造型变化，一般是在前帮围盖部件上进行分割，多是对称分割，也可以进行不对称分割，分割线条不宜过长，以围盖长度的 1/3 左右为宜，分割线造型特点及长短曲直要与楦头式造型特点相协调。此外，设计师还要特别注意线条造型及位置安排要与工艺和材料的合理实施与使用结合起来。

2. 正装风格男鞋装饰工艺造型元素设计

装饰工艺在当今男正装鞋设计中运用广泛，是构成男正装鞋款式变化的重要元素以及设计师进行男正装鞋设计变化的重要手段之一。男正装鞋设计运用何种装饰工艺一般要视流行而定，也可以根据自己的产品风格或新的市场开拓需要运用某种装饰工艺。男正装鞋上装饰工艺设计运用的创新点，是在单元装饰工艺造型和较多装饰工艺单元组成的新颖图形两个方面进行创新。

3. 正装风格男鞋材质肌理造型元素设计

男正装鞋的材质一般用粒纹细致和手感柔软、滑爽、丰满的胎牛皮革及小牛皮革比较理想。对于高档男正装鞋来说，稀有高档的鞋面材料是必不可少的，如鳄鱼皮、鸵鸟皮、鲨鱼皮等；鞋底材料往往也选用天然革，使鞋具有更好的透气性。

高档男正装鞋的鞋面材料设计，非常注重高档材料的特殊肌理与其他肌理较好的普通鞋面材料搭配使用，这样设计既可以节省高档鞋材，同时还可以使男正装鞋具有一种高贵感。另外，由于肌理不同，还可以形成一种对比的美感。男正装鞋材质设计运用的创新点除对材质肌理本身要寻求新颖变化外，还要对帮部件进行新颖的分割造型，当然，男正装鞋上材质肌理的新颖变化及组合不能过于夸张和对比，帮部件新颖分割造型同样也不能怪异，要进行端庄、简洁、新颖的分割，并注意不同材质肌理在鞋上的位置安排和大小比例配置。

4. 正装风格男鞋配件造型元素设计

正装鞋上的配件设计依结构式样而定，一般情况下，耳式三节头正装鞋和前开口正装鞋不加装任何配件；舌式正装鞋通常要加装一个小的标牌配件，也可不加，在舌式鞋的跗背处加上横条配件，变成横条舌式鞋。横条舌式也有多种式样变化：绊带耳扣式正装鞋一般要加装既有实用价值又有装饰功能的鞋钎配件，现在也有用尼龙粘扣代替鞋钎的。配件在正装鞋上往往起到画龙点睛的作用，因此，正装鞋配件设计原则是既要与鞋的整体造型风格相协调，又要有较高的艺术性，真正起到点缀、美化、标识的作用。

正装鞋上加装的标牌除具有点缀、美化的功能外，它还具有品牌标识和宣传的实用功能。鞋靴企业自己的品牌标识设计得是否新颖、独特、美观，直接决定了标牌在正装鞋上所发挥的功能效果。正装鞋上标牌在体积上要小巧、纤秀；在造型轮廓上有规矩形态的，即标牌图案在一个完整轮廓造型中；也有自由形态的，即标牌没有一个规矩的廓形，如有的标牌廓形造型用的就是品牌标识的字母体或具象的图案轮廓。正装鞋标牌色彩一般有金色、银色和古铜色三种。金色和古铜色适合于各种颜色的正装鞋，银色除与棕色、咖啡色搭配不太适合外，与其他颜色的鞋面材料搭配都适合。正装鞋标牌材质应与鞋的材质相协调，普通正装鞋用金属或仿金属效果比较好，高档鞋材及名牌正装鞋可以选用镀金、纯银等高级金属材料，充分衬托出高档正装鞋的名贵感。正装鞋标牌工艺加工非常重要，精美的正装鞋上装配一个制作粗糙的标牌会极不协调，使鞋的整体品质大打折扣。

横条舌式正装鞋上的横条配件常常是这种款式鞋的审美视觉中心，设计师对此处设计应给予特别重视。横条的设计变化一般是通过镂空、串花、编花、镶嵌等装饰工艺来完成。横条配件除要在形态设计上新颖别致外，还要对工艺手法进行深入考虑，独特或精致的工艺手法可以使横条配件产生一种独特的工艺美感，尤其对皮质横条配件更是如此。正装鞋上横条配件颜色一般要求与鞋面材料的颜色一致，如果是金属件，金色和银色都可以，其中银色用在黑色鞋面材料上最为合适。横条配件材质选择上以皮革和金属为主，皮革材质显得柔和、高雅、亲切、和谐，金属材质则显得冷峻、严谨、自信、刚毅。

绊带耳扣式正装鞋配件设计主要集中在鞋钎上，这种鞋的形态设计变化一般在鞋的头式造型（楦头式造型）、绊带和鞋耳部件的造型上，鞋钎在这种款式鞋的整体造型构成中发挥着重要作用，设计师应精心设计。鞋钎形态设计应遵循大方与新颖相结合的原则，只大方不新颖会失去装饰审美功能，只新颖（或怪异）不大方又会与正装鞋性质不相吻合。在色彩上，棕色或咖啡色鞋面材料适合配金色或古铜色鞋钎，黑色鞋面材料用银色、金色和古铜色都适宜。鞋钎在材质肌理上有光亮型和亚光型两种。一般情况下，配件肌理效果与鞋面材质肌理效果相对比为好，例如在鳄鱼皮、鸵鸟皮等鞋面材料上搭配一个光亮型的鞋钎，会使鞋面上产生一种材质对比的美感。

三、童鞋造型设计（小童）

4~7岁儿童的发育迅速，活动量明显加大，对外界事物的接触明显增多，有一定的思想和感情表达能力。这个年龄段的孩子户外活动增多，因此，父母经常为孩子的安全担心。另外，此时的父母关注对孩子的智力培养，针对小童家长这种心理，鞋靴设计师应利用现代科学技术，设计开发出能满足消费者这方面需求的智能鞋，如具有语言安全提示的小童鞋，当孩子跑出一定距离范围后，幼童鞋能自动发出提示孩子注意的语音，或者具有定位显示功能，使小童家长知道孩子所在的位置。如果价格适当，这类鞋必然会受小童家长欢迎。从小童自身考虑，这个年龄的孩子好奇心强，他们对一些能"自动发光""自动发声"的东西充满兴趣，鞋靴设计师要了解小童这方面的特点，在小童鞋的开发设计上加以运用。

图 4-2-3　小童鞋

小童鞋缚脚功能设计应简单、方便、易于操作，多采用粘扣、橡筋、拉链等形式（图4-2-3），但要注意这类缚脚形式的牢固度和材料的耐用性。小童鞋除在实用功能和娱乐功能上不断地开发设计外，更主要的是在造型上，小童鞋造型设计开发要求设计师应对特定的小童（性别、成长环境）及家长的审美喜好有所了解。

1. 小童时装鞋设计

小童时装鞋是小童常穿的一种风格鞋靴，是占据市场消费份额最多的一种童鞋。小童时装鞋分为小男童时装鞋和小女童时装鞋，活泼、夸张、天真、充满情趣性是男女小童时装鞋的共同风格特点。除此，小女童时装鞋还要多一份甜美感。小童时装鞋的设计创新必须围绕以上风格特点去进行。小童时装鞋设计可调动运用多种造型元素，相对来说，形态、色彩、图案这三种造型要素在塑造小童鞋时装风格上发挥的作用要更大一些，设计师应该用更多的精力去把握这些造型要素。在对小童时装鞋设计时，设计师首先要考虑小童时装鞋的舒适性、卫生性、安全性和穿脱方便性，当然，与其他鞋靴一样，也要充分考虑生产加工的可能性和盈利性。

2. 小童时装鞋形态造型元素设计

小童时装鞋基本形态设计主要包括鞋楦头式形态、帮部件形态和结构式样形态等内容。为了使小童的脚顺利发育成长，小童鞋楦型不宜设计得过窄和过薄，在这个基础上可以对楦头式做适当地夸张变化，使楦型具有一种情趣性；在帮部件形态造型设计上，可以对其进行夸张、变形，4~5岁小童时装鞋上的帮部件造型可以用"仿生法"设计，例如，可以将某种动物或植物形象巧妙地转化为小童时装鞋上的某个帮部件造型。6~7岁小童鞋帮部件形态可设计成几何形状、数字形状、字母形状或其他孩子熟悉的形象，小女童鞋帮部件形态适合模仿花草、树叶等植物形象，如能再结合仿真色彩和材质肌理变化效果会更好。帮部件除模仿造型来获得艺术造型感以外，还可以通过其他夸张新颖的分割造型来获得艺术造型感。

3. 小童时装鞋色彩造型元素设计

4~7岁的小童仍对鲜艳、明亮的颜色感兴趣，同时单纯、天真活泼的本性也要求他们穿着的鞋靴颜色应该是丰富多变、鲜艳明亮的。小童鞋的色彩设计在产品设计中占有非常重要的地位，其他造型要素也需要精彩的色彩设计配合才能取得更好的效果。小童鞋配色设计的要求和方法基本与幼童鞋色彩设计相同。小童鞋在色彩设计上既可以多色配色、对比配色，也可以单色或两种颜色配色。红、黄、蓝三原色和绿色与橙色仍是最常用的色彩。浅驼色、米色等浅色设计运用得好，也会有很好的效果。小童鞋上用纯度较低的暖色系的颜色要比冷色系的颜色效果好。配色设计时要注意与图案设计的结合。小女童鞋上用粉色系的颜色可以表现出女孩特有的温柔、甜美；小男童鞋色彩设计上，可以用咖啡色、驼色、棕色、金土黄色、褐色等相互搭配。

4. 小童时装鞋图案造型元素设计

图案设计在小童鞋整体造型设计中占有重要地位。小童鞋上的图案设计分为抽象图案设计和"仿生"图案设计两种。抽象图案主要有几何抽象图案、不规则抽象图案、数字抽象图案、文字（字母）抽象图案4种。4~7岁儿童普遍喜欢卡通形象，但卡通形象具有很强的时代性，因此，设计师在设计上运用卡通形象时，还要了解现时对儿童最有影响力的卡通形象。卡通形象图案在小童鞋上的设计运用属于"仿生"图案设计，一般来说，4~5岁小童鞋既适合抽象图案的设计运用，又适合"仿生"图案的设计运用。而6~7岁小童鞋更适合用抽象图案来装饰。

5. 小童时装鞋材质肌理造型元素设计

小童鞋材质设计首先要考虑材料的卫生性能，除在凉鞋设计与生产中可选用透气性较差的合成革或人造革外，一般情况下小童满帮鞋最好选用天然材料，使小童鞋具有良好的吸湿性和透气性。小童鞋材质可以有意识地运用不同材料或同一种材料的不同肌理对比设计，以营造活泼、变化的气氛，如光滑的皮革与粗灯芯绒或其他纹理较粗的棉制品、麻制品搭配，光滑皮革与压花皮革或绒面革搭配，绒面革或粗麻织物与闪亮透明的金属或塑料配件搭配等。

此外，小女童鞋还可以用一些"镂空"花边材料点缀，以体现小女孩的温柔、秀美。

6. 小童时装鞋装饰工艺造型元素设计

常用的小童鞋装饰工艺有刺绣、缉线、冲孔、扭花、拼缝、串花、印刷等，其中缉线和串花所用的线和条状材料应较粗和较宽一些，并结合色彩和材质的变化，使之与鞋面材料形成对比，增加小童鞋的情趣感和工艺美感。小童鞋上的拼缝装饰工艺是指鞋帮部件由不同颜色或不同肌理或不同形状的较小部件拼合而成，有时拼缝的线本身也构成对小童鞋的一种装饰美。

7. 小童时装鞋配件造型元素设计

小童鞋上加装饰配件的目的是增加小童鞋情趣感，小童鞋上的配件造型多为"仿生"图案，小女童鞋上一般采用仿蝴蝶、蜻蜓和花朵形象的配件装饰，小男童鞋则可用表现勇敢和威武气质的流行卡通形象作为配件的造型。小童鞋上的配件可缀缝在鞋的前部、后部或鞋外侧脚踝下方的部位（适合筒靴或高腰鞋）。小童鞋配件材料一般选用比较轻、软的材料，如革、塑料、布等。

第五章　鞋类楦型基础知识

本章导学：

通过学习，学生初步认知鞋楦，了解鞋楦的发展和鞋楦在制鞋过程中的作用，能够分辨一般鞋楦的种类，为学习鞋楦设计培养兴趣，为今后学好鞋楦设计奠定必备的基础理论知识。

第一节　脚与楦

鞋楦是能保持鞋内具有一定规格尺寸的胎具，鞋楦的造型是模仿人的脚型进行设计的，可以说是脚的"模特"，楦型是指楦体的结构和造型，鞋楦是专用于鞋类生产的"工具"。在鞋类相关书籍中，也称楦头、楦子等。

一、脚部形态

人体下肢由大腿、小腿和脚三部分组成，主要功能是支持体重和进行运动。

人的两只脚基本上是对称的，对于鞋类设计来说，最重要的是脚趾、脚背、脚心、脚弯、脚腕、踝骨（内踝和外踝）、腿肚和后跟等部分，如图5-1-1所示。脚的大拇趾一侧称为内怀，小趾一侧称为外怀。

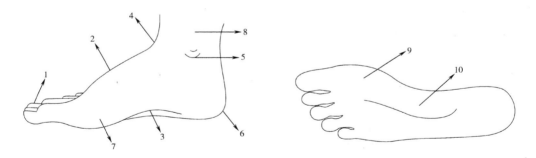

图5-1-1　脚各部位名称

1—脚趾　2—脚背　3—腰窝　4—脚弯　5—踝骨　6—脚后跟　7—跖趾关节　8—脚腕　9—前脚掌　10—脚心

1. 脚趾

脚趾在脚的最前端，可以灵活地运动，使脚伸屈。脚有一定的自然跷度，在处于垂悬状态时，脚趾向上自然弯曲，与脚底平面一般成15°左右的夹角。因此，设计鞋楦时，必须适应脚趾的这一特点，使鞋楦有相应的前跷，穿着用这样的鞋楦做出来的鞋才会舒适。

2. 脚背

脚背也叫脚面或跗面，由脚的跖骨和跗骨组成，从跖趾关节向后渐渐加厚，前跗骨凸点是明显凸起的部位。设计鞋楦时，楦背太高则使鞋不跟脚，楦背太低又会压迫脚背。同时，楦背高低的确定与鞋帮的款式、结构等也有很大的关系。

3. 腰窝

腰窝在脚的两侧，内（里）怀的一侧是内（里）腰窝，外怀的一侧是外腰窝。内腰窝呈凹进状，设计鞋楦时，要让内腰窝的肉头安排尽量与脚型相近，以便使鞋能更好地包脚。由于腰窝部位结构稳定性好，所以是帮样设计时设计断帮位置的理想部位。

4. 脚弯

脚弯在小腿与脚背的拐弯处，是设计靴鞋必须十分重视的一个部位。与此有关的兜跟围长是设计高腰鞋以及靴类的重要依据之一，楦的兜跟围长必须大于脚的兜跟围长，否则，鞋会穿脱困难，但鞋过大又会使鞋不跟脚。

5. 脚踝骨

脚踝骨是小腿骨和脚的距骨形成的两个关节。内怀一侧的突起称为内（里）踝骨，外怀一侧的突起称为外踝骨。内外踝骨相比较，外踝骨的位置比内踝骨要低一些，靠后一些，如图5-1-2、图5-1-3所示。

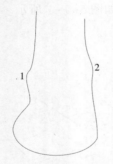

图 5-1-2　脚后跟部示意图　　　　　　图 5-1-3　脚正前部示意图
　1—外踝骨　2—内踝骨　　　　　　　　1—外踝骨　2—内踝骨

6. 脚后跟

后跟在脚的最后端，其两侧肉头十分饱满圆滑。当人站立时，1/3以上的体重都在这里，两侧肌肉会向外涨出。脚后跟凸点与楦型后跟凸点的高度相差甚微，实际上，楦后跟凸点高度应略大于脚后跟凸点高度，以便使制成的鞋能恰当地包容脚后跟，既不"啃"脚又能跟脚，适合穿着。

7. 跖趾关节

跖趾关节是脚跖骨和脚趾骨形成的关节。拇趾一侧的是第一跖趾关节，小趾一侧的是

第五跖趾关节。跖趾关节部位是人脚最重要的部分，一是因为它是脚的最重要的受力部位之一，二是因为它是人脚活动最频繁的部位，三是因为它是脚底最宽的部位。正是由于有这三个"最"，在进行鞋楦设计时，这部分的肉头安排以及鞋楦的围度及厚度等的最终确定就最为重要，既要使鞋能轻松包脚，又要确保不影响跖趾关节的活动，童鞋的设计尤其如此。

8. 脚腕

脚腕是小腿下部最细的部位。脚腕高度和脚腕围长也是设计靴鞋类的重要依据之一。一般说来，高腰鞋的后帮高度在脚腕以下，而矮筒靴的筒口高度则在脚腕之上。设计封闭式靴鞋的鞋楦时，脚腕围长不能太小，否则，会给绷帮增加麻烦，并且会使鞋穿脱困难。

9. 前脚掌

前脚掌由跖趾部位以及脚趾的下部构成，呈现为凹凸不平的曲面，而鞋楦的这一部位却必须平整、光滑并略呈凸起状，但前掌凸度也不能过大，否则会造成脚的前横弓下塌，破坏脚的生理机能，也容易使鞋底的这一部分磨损得特别快。

10. 脚心

脚心位于脚底中部，呈凹陷状，跟的高度不同时，底心凹度会有所差异。设计鞋楦时，楦底心要有适当的凹度以符合脚型，以便使鞋的内底能托住脚心，分散受力部位，使脚在走远路时也不容易发生疲劳。特别是高跟鞋，如果鞋的内底受力不均，使重力只落在前脚掌和后跟两处，则会使人倍感疲倦。

11. 腿肚

与脚腕相反，腿肚是小腿最粗的部位，腿肚高度和腿肚围也是设计筒靴的主要依据之一。当设计筒靴时，一般都会错开最粗的位置，设计在之上或者之下的位置处。

12. 膝下

顾名思义，膝下就是膝盖以下、小腿上部的部位。膝下高度和膝下围长也是设计筒靴的重要依据之一，高筒靴的高度应低于人的膝下高度，为了不妨碍膝关节的活动，高筒靴通常设计成前高后低的形式。

二、脚的组织结构

1. 脚部骨骼

骨骼是人体的支架，具有保护脑、脊椎及心、肺、肝、肾等内脏器官的功能，骨骼还具有造血功能。

骨骼的成分是一种复合物质，主要为有机物和无机物。有机物主要由骨胶原纤维和黏多糖蛋白组成，性质软，易变形；无机物主要由氢氧磷灰石组成，性质坚硬、脆、易断裂。儿童骨质中有机物含量较高，骨骼易变形；老年人骨质中无机物含量较高，骨骼易骨

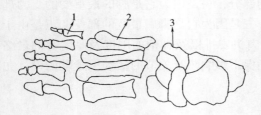

图 5-1-4　脚部骨骼分部示意图
1—趾骨部分　2—跖骨部分　3—跗骨部分

折。骨骼由骨组织、疏松结缔组织及神经组织构造而成。

人体单脚上的骨骼为 26 块，分跗骨、跖骨和趾骨三大部分，如图 5-1-4、图 5-1-5 所示。

①跗骨：位于脚的后半部，由距骨、跟骨、舟状骨、骰骨和第一至第三楔骨组成。

②跖骨：在脚的中部，自内向外依次为第一至第五跖骨，其中第一跖骨最短且坚硬。

③趾骨：在脚的前部，共 14 节，除拇趾为 2 节外，其余为 3 节。

2. 脚部关节

骨与骨之间的连接属于活动范围很大的可动连接，叫作关节。脚部主要关节有踝关节、跗骨间关节、跗跖关节及跖趾关节。

①踝关节：是一个非常重要的运动关节，为负重关节。在上下楼梯、跳跃、登山等活动中起着重要作用。

②跗骨间关节：指的是距骨与舟骨、距骨与跟骨和跟骨与骰骨的三个关节，主司脚的内外翻、内收和外展等活动。

③跗跖关节：是跖骨与骰骨、楔骨之间的关节，其中第一楔骨与第二跖骨间的韧带是主要的稳定结构。

④跖趾关节：是跖骨与趾骨之间的关节，对鞋楦设计而言，是一个非常重要的关节。

3. 脚部肌肉

人体肌肉有三大类：心肌、平滑肌、骨骼肌。

心肌分布在心脏，其肌纤维为长圆柱形。心肌的收缩很有节律，永不停息，直到生命的尽头。

平滑肌分布在血管、消化管、膀胱和子宫等器官的内壁。它的肌纤维可随生理需要而变化，但它的运动不受人的意志支配，所以又称不随意肌。

骨骼肌因大部分附着在躯干骨和四肢骨上而得名，受人的意志支配，也称随意肌。骨骼肌的主要功能是牵引骨骼活动。肌肉一般附着在邻近两块以上骨面上，跨过一个或多个关节，收缩时牵动骨骼引起关节运动。人体的任何运动，即使是最简单的运动，都要有肌

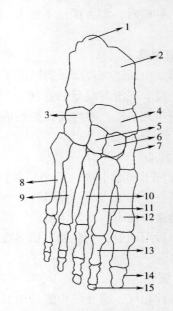

图 5-1-5　脚部骨骼名称
1—跟骨　2—距骨　3—骰骨　4—舟骨
5—第三楔骨　6—第二楔骨　7—第一楔骨
8—第五跖骨　9—第四跖骨　10—第三跖骨
11—第二跖骨　12—第一跖骨　13—第一节趾骨
14—第二节趾骨　15—第三节趾骨

肉的配合才能完成，有起相同作用的协同肌，也有起相反作用的拮抗肌。

脚部的肌肉属骨骼肌，是用来支持体重和行走的运动肌。因为肌肉和肌腱是跨过关节的，所以肌肉收缩使关节产生运动。人之所以能够保持直立状态，是靠肌肉的相互制约、平衡拮抗性所产生出来的肌肉紧张来维系的。脚部肌肉一方面是支持体重和行走，另一方面也用于维持足弓。

脚部主要肌肉分足背肌和足底肌两部分。足背肌包括拇短伸肌、趾短伸肌等。足底肌包括拇展肌、拇短展肌、拇收肌等的内侧群；跖短屈肌、跖方肌、蚓状肌、骨间肌等的中间群；小趾短肌、小趾短屈肌等的外侧群。

4. 脚部皮肤

脚部皮肤与身体其他部分的皮肤一样，分表皮、真皮、皮下组织三大层。

表皮是第一道防线，能够防止细菌侵入体内；真皮被称为第二道防线，在表皮以下，有毛发、汗腺、皮脂腺、血管和神经末梢等；最下面是皮下组织，内有脂肪、血管和神经末梢等。

脚部皮肤与身体其他部位的皮肤相同，也具有调节体温、呼吸、分泌汗液、蒸发水分等功能。

正常情况下，人体在神经系统的调节下，一方面产生热量，另一方面又把过多的热量通过皮肤出汗和皮下血管的扩张加以排出，以保持人体稳定的正常体温。脚底温度在整个人体中是最低的。皮肤还具有呼吸功能，排出二氧化碳，且排出量随温度的升高而增加；人在运动后，皮肤会通过汗腺把分泌出来的汗液排出体外；同时，人体中所含有的大量水分也会从皮肤表面蒸发出去。

5. 足弓

在人类进化过程中，为了适应直立行走，足骨形成了内、外两个纵弓和一个横弓，如图 5-1-6 所示。足弓的功能是负重、行走、吸收震荡及散热。

①内侧纵弓：由跟骨、距骨、舟骨、楔骨和第一至第三跖骨组成。

②外侧纵弓：由跟骨、骰骨和第四至第五跖骨组成，弓身较低。

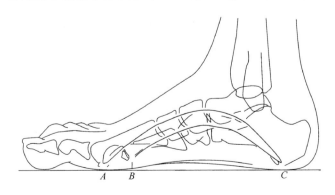

图 5-1-6　足弓示意图

A–C 内侧纵弓　*B–C* 外侧纵弓　*A–B* 横弓

③横弓：由第一至第三楔骨和第一至第五跖骨组成，全体呈拱桥形排列。

正常足弓负重后相应降低，重力传达到韧带至适度紧张时，足部内外肌就起作用，协助韧带维持足弓。完整的足弓在跑跳或行走时可以吸收震荡，保护脚以上关节，防止内脏损伤。维持足弓的三要素是足骨、韧带、肌肉。

三、鞋楦

鞋楦——鞋的母体，是用来辅助鞋成型的模具，它不仅决定着鞋的长短、肥瘦、造型和式样，也决定着鞋是否舒适合脚。鞋楦不仅是用来生产鞋的模具，还是鞋类帮样设计和底部件设计中必不可少的工具。设计鞋楦是依据脚型规律来进行的，一方面要适合消费者的审美需要，另一方面还必须满足脚对楦体的厚度、长度、宽度等的具体要求。

1. 鞋楦材料

（1）木楦

在塑料鞋楦大规模使用之前，世界上所有皮鞋厂均使用木楦。木制鞋楦具有轻便、持钉力强的优点。以往制作木楦所用的木材有桦木、青冈木、枫木、杜木、鹅耳枥木、槭木、柞木、山毛榉木、栲木、梨木、铁刀木等。木楦体轻，有较好的衔接能力，便于加工修改。由于木材本身含水量比较大，制成鞋楦后会进一步脱水，使楦体收缩变形和干裂；含水量过低，导致鞋楦吸收空气中的水分，造成膨胀变形。一定要经过一段时间干燥处理。木楦一旦报废无法回收，价格昂贵。

现在，虽然木楦已经被塑料楦全面取代，但是国际上一些精品高档标样楦还是木楦。这是因为木楦经最后刨光后光洁度比较好，而且木楦本身具有天然纹理，能给人一些美的感受。所以，在欧洲，越是著名的制楦大师越是喜欢用木材制作标样楦，以充分标榜自己的地位。

（2）金属楦

金属楦以铝楦为主。有较高的抗压强度和耐温性能，在制鞋工业中，模压鞋、硫化鞋、注塑鞋均使用铝楦来生产，但不能直接用于绷帮成型的生产工艺。不易于钉钉，操作时碰撞声音大。

（3）塑料楦

现在制楦企业中99%的鞋楦均选用塑料材质。由于塑料楦尺寸稳定，不受气候、温度、湿度变化的影响，并且持钉能力强，生产周期短，还可回收再利用，节约木材，所以得到快速普及。塑料楦一般采用高、低压合成聚乙烯树脂为原料，制作时先用注塑机将聚乙烯原料注射成楦坯，然后再用刻楦机进行粗刻和细刻，也有一次刻制成型的。塑料楦基有较好的稳定性，不发生变形，非常耐用，但吸水能力差，所以绷帮后干燥时间较长。

2. 鞋楦特征与基本数据

鞋楦上的主要特征部位点影响着鞋楦的机能性与楦体造型，了解鞋楦的基本术语，是学习鞋楦设计的基础。这里分别介绍与我国标准鞋楦相对应的各个特征部位的名称及尺寸。

（1）长度

楦底长度尺寸包括楦底样长、放余量、拇趾端点部位长、拇趾外突点部位长、小趾外突点部位长、第一跖趾部位长、第五跖趾部位长、腰窝部位长、踵心部位长、后容差。

①楦底样长：楦底轴线的曲线长度。

②鞋楦放余量：楦底轴线上，脚趾端点到楦底前端点的长度。

③脚趾端点部位长：楦底轴线上，后跟端点到人脚最长的脚趾前端点部位的长度。

脚趾端点是控制楦体长度、楦头宽与高的特征部位，各种鞋的长度与厚度都应在此处放出余量，以保持脚趾有足够的后动空间。

④拇趾外突点部位长：楦底轴线上，后跟端点到脚大拇趾外侧最向外突点部位的长度。

⑤小趾外突点部位长：楦底轴线上，后跟端点到脚小趾最突点部位的长度。

⑥第一跖趾部位长：楦底轴线上，后跟端点到脚的第一跖趾关节部位的长度。

⑦第五跖趾部位长：楦底轴线上，后跟端点到脚的第五跖趾关节部位的长度。

第一跖趾部位点、第五跖趾部位点是连接跖趾关节的轴线，也是影响鞋楦机能性与造型的重要部位点。跖趾围长是这两点之间的围长。同样，在楦底样设计上，第一跖趾里宽与第五跖趾外宽也是由这两点控制的。

⑧腰窝部位长：鞋楦踵心至第五跖趾部位之间的长度，是以脚的第五跖骨粗隆部位点确定的。腰窝部位点主要用来控制楦中后部尺寸。

⑨踵心部位长：脚后跟受力的中心部位称为踵心部位。踵心部位长是后跟端点至踵心部位点的长度，对楦后跟部的设计特别是高跟鞋的设计有着重要意义。

⑩后容差：楦底后端点与后跟突点间的投影距离。

（2）围度

鞋楦的围度尺寸包括跖围、跗围及兜围。

①跖围：楦的第一跖趾里宽点与第五跖趾外宽点间的围长。

②跗围：楦的腰窝外宽点绕过楦背一周的围长。

③兜围：楦的统口前端绕过楦后弧下端点一周的围长。

（3）宽度

宽度尺寸包括基本宽度、拇趾里宽、小趾外宽、第一跖趾里宽、第五跖趾外宽、腰窝外宽、踵心全宽。

①基本宽度：楦底的第一跖趾里宽加上第五跖趾外宽。

②拇趾里宽：楦底的拇趾外突点部位的楦底里段宽度。

③小趾外宽：楦底的小趾外突点部位的楦底外段宽度。

④第一跖趾里宽：楦底的第一跖趾部位的楦底里段宽度。

⑤第五跖趾外宽：楦底的第五跖趾部位的楦底外段宽度。

⑥腰窝外宽：楦底腰窝部位的楦底外段宽度。

⑦踵心全宽：楦底踵心部位与分踵线垂直的全部宽度。

（4）楦体尺寸

楦体尺寸包括总前跷高、前跷高、后跷高、头厚、后跟突点高、后身高、前掌凸度、底心凹度、踵心凸度、统口宽、统口长、楦斜长。

①总前跷：鞋楦无后跷时的前跷高度。

②前跷高：楦底前端点在基础坐标里的高度。

③后跷高：楦体前掌凸点在与平面接触时，鞋楦后端点距平面的高度（后跟高）。

④头厚：楦体脚趾端点部位的厚度。

⑤后跟突点高：脚的后跟骨突出点至脚底着地面的垂直距高 h_1。

⑥后身高：楦体统口后点到楦底后端点的直线距离 h_3。

⑦前掌凸度：楦底前掌凸度部位点相对于第一跖趾里宽和第五跖趾外宽点凸起的程度。

⑧底心凹度：楦底腰窝部位相对于前掌和踵心凸度点的凹进程度。

⑨踵心凸度：楦底踵心部位点相对于踵心内外宽度点凸起的程度。

⑩统口宽：统口中间部位的宽度。

⑪统口长：统口前后点之间的直线长度。

⑫楦斜长：楦底前端点至统口后端点的直线长。

3. 鞋楦的基本控制线

鞋楦是由不同曲面组成的三维物体，而不同的曲面又是由不同的曲线相互连接组合而成，在楦体中，既能显示其特性及功能，又有相互依赖关系的连接曲线，叫作鞋楦的基本控制线。鞋楦的基本控制线有楦底中轴线、背中线、后弧线、统口线、跖围线、跗围线和兜跟围线，如图 5-1-7、图 5-1-8 所示。

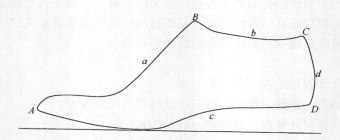

图 5-1-7　楦体侧面示意图

A—楦底前端点　*B*—统口前端点　*C*—统口后端点　*D*—后跟端点

a—背中线　*b*—统口线　*c*—楦底弧线　*d*—后弧线

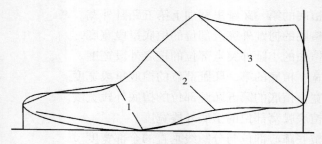

图 5-1-8　楦体侧面示意图

1—跖围线　2—跗围线　3—兜围线

第二节 鞋楦底样设计基础

鞋楦底样设计是鞋楦设计的第一步，它的设计分为鞋楦底样长度设计和宽度设计。

一、鞋楦底样基础知识

1. 鞋楦底样的设计及作用

鞋楦底样设计涉及几个重要的尺寸，如图5-2-1。

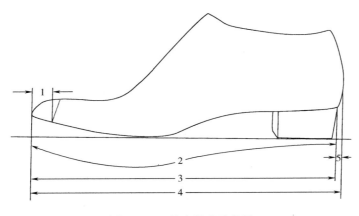

图5-2-1 楦底长度示意图

1—放余量 2—楦底样长 3—楦底长 4—楦全长 5—后容差

鞋楦底样板是鞋类结构设计中的重要样板，是鞋楦设计的重要依据，是设计鞋底、鞋跟、中底、内底的基础。

2. 脚长与楦长的关系

脚长是设计鞋楦底样的依据。无论何种款式、品种的鞋楦，其楦底样的长度均应大于脚长。因为人在站立或行走时，一则足弓韧带被拉长，脚的长度随之加大，最多可加长5mm，二则鞋底跖趾部位的弯曲半径大于脚跖趾部位的弯曲半径，使脚在鞋内向前移动，移动距离为5~10mm；三是季节的变化引起的脚的胀缩可达3~5mm。所以，鞋前端必须留出脚趾活动的空间，脚长与鞋楦底样长的关系可以用下列公式表示：

$$楦底样长 = 脚长 + 放余量 - 后容差$$

二、鞋楦底样长度设计

鞋楦底样长度设计的关键是放余量的确定。放余量的多少与鞋的功能、品种及头型等有关。例如同是素头皮鞋，男鞋楦的放余量约为20mm，女鞋楦的放余量约为16.5mm，儿童鞋楦因儿童的脚正处于生长期，放余量太小，穿不了多久就可能顶脚，但放余量过大，又会使行走不稳，左右晃动，发生扭伤，既不舒适也不美观，还会养成歪斜、拖拉的走路姿势，很难矫正。所以，要根据不同年龄段脚的平均增长量、脚的负重伸缩率等因素确定最佳放余量，我国儿童鞋楦放余量约为 14mm。

鞋楦头型改变时也要适当改变放余量，如一般鞋头（方形、圆形）女鞋楦放余量为 15.0~16.5mm，尖头女鞋楦放余量约为 20mm，超长楦一般为 30mm 以上。不同尺寸的凉鞋、皮鞋、运动鞋的放余量也不同，见表 5-2-1。

表 5-2-1　　　　　　　　男鞋 255 号（二型半）不同品种的放余量　　　　单位：mm

品种	素头皮鞋	三节头皮鞋	舌式皮鞋	全空凉鞋	满帮凉鞋	靴	运动鞋
楦底样长	270	275	270	260	270	270	267
放余量	20.4	25.5	20.4	9.2	20.4	20.4	16.0

影响鞋楦底样长度的另一个因素是后容差。一般男鞋后容差控制在 5mm 左右，男全空凉鞋控制在 4mm 左右；女鞋后容差控制在 4.5mm 左右，女全空凉鞋控制在 3.5mm 左右；儿童鞋后容差控制在 3~4mm，儿童全空凉鞋控制在 3~4mm。

三、鞋楦底样宽度的设计

1. 脚的宽度与楦型宽度的关系

脚的基本宽度大于楦的基本宽度。在楦型基本宽度设计时，由于楦的跗围固定，若基宽太宽，成鞋会下塌，呈扁平状，不美观；反之，则会穿着不舒适。原因是人脚的第一、第五跖趾关节骨骼多，肌肉少，可压缩性差，加上要承受体重和劳动负荷，鞋过窄就会造成夹脚。

脚的拇趾里宽应大于楦的拇趾里宽。因为虽然脚拇趾向外有较大的活动能力，但能适当压缩；脚的五趾外宽小于楦的五趾外宽，因为脚的五趾在行走时的活动量最大，为了穿着舒适，鞋帮又不宜破损，要有些预留量。

楦的腰窝宽度要小于脚的腰窝宽度。为了穿着舒适及节省鞋底用料，一般楦的腰窝宽度要小一些。

脚的踵心宽度大于楦的踵心宽度。人脚踵心部位的肉体十分圆滑饱满，由于人在站立或承重时，踵心部位两侧肌肉膨胀，所以应保留较多的边距，以保证楦踵心两侧有一定的容量。

2. 鞋楦底样宽度的设计

鞋楦设计中，最需要把握的尺寸是楦的长度和围度。楦的围度反映在楦底样上，就是楦底样宽度。

楦底样的主要宽度有基本宽度和踵心宽度，它的宽窄会影响到鞋的造型及运动功能。不同品种的鞋，其楦底样宽度是有所区别的。如足球鞋和田径鞋，由于人的运动量大、激烈、快速，而足球鞋还经常与球发生摩擦，应适当减少围度和楦底样宽度，使鞋能够更加"包脚"，易于控制；而像网球鞋、登山鞋等，则可将底样适当放宽，使脚在处于运动状态中更感适应；日常穿着的皮鞋、休闲鞋、凉鞋等，楦底样则可更宽一些。具体尺寸参见表 5-2-2、表 5-2-3。

表 5-2-2　　　　女式 235 号（一型半）50mm 跟高不同品种鞋楦底样宽度　　　　单位：mm

品种	超长鞋舌	素头	浅口	全空凉鞋
基本宽度	76.8	78.8	77.5	77.5
踵心宽度	52.5	52.5	51.6	51.6

表 5-2-3　　　　　　美国鞋楦系列男鞋 8 号不同品种鞋楦底样宽度　　　　单位：mm

品种	皮鞋	休闲鞋	运动鞋	登山鞋	凉鞋
前掌宽度	92	90	89	91	96
后跟宽度	61	62	58	62	60

由于跟高改变了脚的受力平衡，压力下脚部肌肉状态会有所变化，在楦底样宽度设计时要充分予以考虑。不同跟高的楦底样宽度设计数值参见表 5-2-4。

表 5-2-4　　　　　女素头皮鞋不同跟高的楦底样宽度设计数值　　　　单位：mm

跟高	20	30	40	50	60	70	80
基本宽度	81.5	81.5	78.8	78.8	77.6	77.6	77.6
踵心宽度	54.3	54.3	52.5	52.5	51.7	51.7	51.7

3. 鞋楦底样设计步骤

以男素头皮鞋 250 号（三型）为例，简单介绍鞋楦底样的设计步骤。

（1）各部位尺寸的确定

楦底样各特征部位系数是以脚型规律为依据的，对于一般用鞋，其宽度应在脚印与轮之廓之间。以生理特点考虑，肌肉部分压缩性大，宽度可适当小些，骨骼部分压缩性小，宽度可适当大些，此外还要注意各特征部位静态和动态的变化。

楦底样宽度尺寸主要以经验值为主。表 5-2-5 所示为男 250 号素头皮鞋楦底样特征部位长度的确定。

表 5-2-5　　　　　男 250 号素头皮鞋楦底样长度特征部位的确定　　　　单位：mm

楦底样特征部位	计算方法	皮鞋楦底样长度
楦底样长度	脚长+放余量-后容差	250+20-5＝265
脚趾端点部位	脚长-后容差	250-5＝245
拇指外突点部位	90%脚长-后容差	250×90%-5＝220
小趾外突点部位	78%脚长-后容差	250×78%-5＝190
第一跖趾部位	72.5%脚长-后容差	250×72.5%-5＝176.3
第五跖趾部位	63.5%脚长-后容差	250×63.5%-5＝153.8
腰窝部位	41%脚长-后容差	250×41%-5＝97.5
踵心部位	18%脚长-后容差	250×18%-5＝40

（2）确定各特征部位的标志点

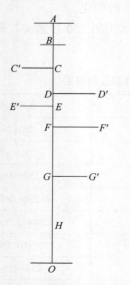

画一条直线作为楦底样轴线，在轴线上量取下列尺寸，如图5-2-2所示。

OA 楦底样长270mm；

AB 放余量20.4mm；

OH 踵心部位长度40.8mm；

OG 腰窝部位长度99.3mm；

OF 第五跖趾部位长度156.7mm；

OE 第一跖趾部位长度179.6mm；

OD 小趾外突部位长度193.6mm；

OC 拇指外突部位长度224.2mm。

（3）确定各部位宽度

除踵心部位点*H*和脚两头端点*O*、*A*外，以各部位点为准，作轴线的垂线，量取下列尺寸，如图5-2-3所示。

CC′ 拇指里段宽34.1mm；

DD′ 小趾外段宽52.8mm；

图5-2-2 特征部位绘制（一）

EE′ 第一跖趾里段宽36.5mm；

FF′ 第五跖趾外段宽52.8mm；

GG′ 腰窝外宽40.1mm。

（4）作分踵线

在*FF′*段上，自外向里，量取*EE′*段尺寸，得到*I*点，并将*I*点与底样后端点*O*相连，此线为分踵线。自轴线上的踵心部位点*H*作分踵线的垂线，并向两端延长，*H₁H₂*为踵心全宽60.5mm，如图5-2-4所示。

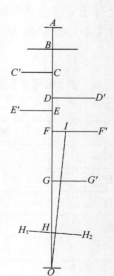

图5-2-3 特征部位绘制（二）　　图5-2-4 特征部位绘制（三）

（5）描画成型

以曲线连接各点，注意连接点要顺滑，流畅，如图 5-2-5 所示，得到楦底样。

4. 楦底样板制作步骤

①取鞋楦一只，底部贴上美纹胶带，胶带 1/2 重叠。

②修剪美纹胶带，留大于楦底大约 5mm 的宽度。

③将楦底周围美纹胶带压平，粘贴于鞋楦四周。

④取制图笔，笔与纸成 45°角，描出楦底面轮廓。

5. 楦底样板制作要求

①备楦：楦底面里腰窝边沿轮廓线不清楚时要先描画清楚。

②备纸：准备拷贝纸和牛皮纸，大小以能容下楦底样为准。

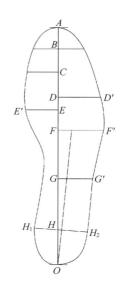

图 5-2-5 特征部位绘制（四）

③粘贴拷贝纸：将拷贝纸平放在桌面上，再将楦底面改在拷贝纸上，拿起鞋楦后便可将拷贝纸粘起，然后自中线部位开始粘住拷贝纸，防止底中线左右歪斜。最后把其他部位也粘平。边沿部位如果出现皱褶要均匀分散成小褶。

④描出底样板轮廓：铅笔自楦底棱外侧逐渐描出楦底样板轮廓。

⑤制取楦底样板：轻轻揭下拷贝纸，平粘在牛皮纸上，把皱褶展平，然后沿着轮廓线剪出底样板。

⑥检验：制好的内底样板要复在楦底面上检验，长度、宽度、外形都要与楦底轮廓相吻合。

第三节 鞋楦设计基础

一、常见的头型

楦头的造型是鞋楦的重要变化之一，可以从楦头的平面投影和侧面的立体造型两方面来分析。

通过对楦头平面投影造型的分析可以看到，楦头基本上分成圆头型、尖头型、方头型和偏头型四大类。在楦头造型的设计中，头型的变化是无穷尽的，但总是在圆、尖、偏的基础上进行变化，例如，圆头型中的大圆头、中圆头、小圆头、尖圆头等，尖头型中的尖头、瘦尖头、圆尖头、方尖头等，方头型中的大方头、小方头等，偏头型中的方偏头、圆偏头等。

1. 圆头型

圆头型楦可分为小圆头、圆头、大圆头等，如图 5-3-1 所示。小圆头楦主要用于成人鞋设计，流行性较强。圆头楦是比较常见的种类，常用于高档精品鞋款的设计，高档职业用鞋也常选用此种造型，如素头鞋、三节头鞋等；大圆头楦常用于儿童鞋、休闲鞋的设计。

图 5-3-1　圆头型鞋楦

2. 尖头型

尖头型楦也是比较常用的式样，在 20 世纪被反复加入流行元素中，并有越演越烈的趋势。尖头鞋深受时尚男女的喜爱，但同时它又是引起脚部畸形的重要原因之一。尖头楦的款式很多，如尖圆头、尖方头、超长尖头等，如图 5-3-2 所示。超长尖头又称大尖头，从人的安全角度讲，以超过脚长 30mm 为极限。

图 5-3-2　尖头型鞋楦

3. 方头型

方头型楦是比较具有特色的式样，早在 17 世纪已经使用，主要用于男鞋。方头型分为小方头、方头、大方头等，如图 5-3-3 所示。小方头型楦和方头型楦多用于时装鞋的设计，大方头型楦多用于儿童鞋和休闲鞋的设计，近年来也多用于中老年鞋的设计。

　图 5-3-3　方头型鞋楦

二、常见的头式

楦头的立体造型也有多种变化。首先楦头的厚度必须满足脚趾厚度的要求，然后再观察脚趾前段楦头的不同造型变化，从楦的侧面可以看到造型的典型特征，主要分为扁平头、厚头、塌头、高头等类型，如图5-3-4所示。

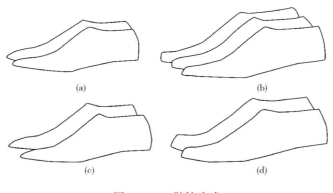

图5-3-4　鞋楦头式
（a）扁平头　（b）厚头　（c）塌头　（d）高头

扁平头型也称作平顺式头型，造型变化平缓、顺势下滑，是最普通的一种造型。厚头的造型丰满、厚重，也被称作圆满式头型，又出现齐头式、下收式等变化。塌头也称作铲头式，造型上有一明显的下滑坡度，连接到较低的楦墙上。高头楦的造型有一个明显的凸起，也称为奔起式或鹅头式头型。对于楦的头型变化来说平面投影造型与立体造型是互相配合的，在鞋楦的放余量较大时，造型会瘦一些、薄一些，在鞋楦的放余量较小时，造型会宽一些、厚一些。

第四节　鞋楦卡板设计基础

一、鞋楦卡板的作用

鞋楦卡板主要应用于鞋楦制作的两个重要环节，分别是批量生产环节和母楦设计环节。随着数字化技术在鞋楦生产中的应用，提高了生产效率和精度。但是，在批量生产过程中，由于夹具造成楦头底部和后弧部位出现切削盲点，使得鞋楦较为重要的两个部位需要手工修饰，为了确保鞋楦的整体精度，必须为生产配备相应的鞋楦卡板，作为手工修饰的比对标尺，鞋楦卡板成为鞋楦制造必不可少的辅助生产工具。此外，很多鞋楦设计师（鞋楦研发机构）有着自身独特的设计"风格"（关键技术），这种"风格"是经过长期实践所总结的设计经验，为了将这种经验赋予每个作品（鞋楦），通常采用鞋楦卡板来规范楦体表面的关键曲线（关键点），从而，在快速实现楦体曲线设计的同时，保证了鞋楦的基础合理性和舒适性。

在鞋楦的设计和生产中，用于确定或检验楦面关键曲线的标尺叫作卡板（也叫曲线卡

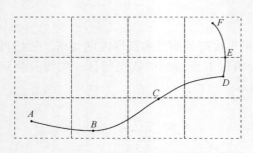

图 5-4-1　楦底弧线关键点
A—楦底前端点　B—前掌凸度部位点
C—底心凹点　D—楦底后端点
E—后跟突点　F—后弧上端点（楦体统口后点）

板），其设计与制作质量对鞋楦楦面曲线的准确性以及穿鞋时脚部感觉的舒适性起着关键作用。

为了设计出较为舒适的楦底弧线（底轴卡板），一般选择楦底前端点、前掌凸度部位点、底心凹点、楦底后端点作为底轴卡板的关键点，选择后弧上端点（楦体统口后点）、后跟突点、楦底后端点作为后弧卡板的关键点，如图 5-4-1 所示。

其中，关键点前掌凸度部位点（前掌着地点）是以第一跖趾关节部位点（72.5% 脚长）与第五跖趾关节部位点（63.5% 脚长）的两点连线交于楦底中轴线的交点为参照的，同时，该点是前掌凸度的凸起程度关键数据点。此外，另一关键点——底心凹点以腰窝部位（41% 脚长）在楦底中轴线上的对应点为参照，该点是楦底腰窝部位相对于前掌和踵心凸度点的凹进程度（底心凹度）。

1. 应用卡板的意义

楦体设计主要包括楦底样设计、中轴线样板设计以及跖围、跗围等控制数据设计，中轴线是楦底样前、后两个端点和统口后端点等三点确定的平面与楦体所形成的剖面线。底轴卡板是体现鞋楦楦底中线形状的标尺，在高、中跟鞋楦设计时尤为重要。

舒适的鞋底一般都符合人类脚底生理形态特征的复杂曲面，楦底曲面的传统设计方法基本都是依靠设计师的经验，对特定用户量身定做的鞋楦（鞋子）有较好的效果，为了面向大众用户的批量化生产产品，由于用户样本过大而难以找到最佳形态方案，使得底轴卡板成为鞋楦设计中楦底曲面唯一的"具象标尺"。

对于一双为特定使用者量身定做的鞋来说，其最合理的足底曲面形态是很复杂的，且与用户特定的足底形态有着一定映射关系。但是对于面向大众用户的鞋楦，由于个体的差异性，许多形态上的细节被统计特征所滤过，最优曲面的形态表现得相对简洁流畅，因此可以用有限的参数系列进行完备的描述，楦底曲面的优化设计方法则可以表达为对这些形态控制参数的优化。

2. 鞋楦卡板的制作

生产用卡板制作分为计算机制作和手工制作两种，偶尔将计算机与手工相结合制作完成。计算机制作主要是通过鞋类（鞋楦）专业软件，对楦体关键（剖面外轮廓）曲线所需具体部位进行卡板生成，并借助切割设备完成曲线划切工作，如图 5-4-2 所示。手工制作主要是借助弧度尺工具，对母楦曲线所需具体部位进行复制并剪切，如图 5-4-3 所示。

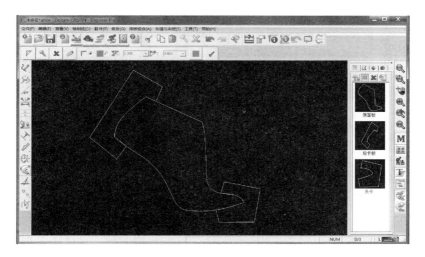

图 5-4-2　计算机制作卡板

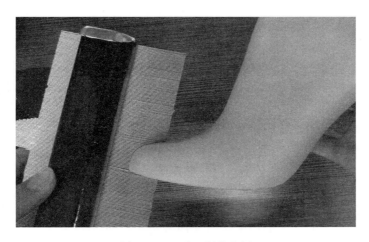

图 5-4-3　手工制作卡板

二、鞋楦卡板的分类

鞋楦卡板可以按照曲线部位和使用功能两种方法进行分类。按照曲线部位分类是指卡板自身所体现在楦体曲线不同位置；按照使用功能分类是指卡板应用在不同的鞋楦制作环节。

鞋楦卡板按照曲线部位分为单项卡板、全卡板和多项卡板。单项卡板是指楦体部分（关键）曲线的标尺，如楦头卡板、后弧卡板、底轴卡板、统口卡板等，如图 5-4-4 所示。全卡板是指楦体中线整体轮廓（剖面外轮廓）的标尺。全卡板在常规鞋楦设计和生产中较为少见，国内只在个别出口加工型企业使用。此外，为了在鞋楦生产过程卡板使用得便捷，经常将多个单项卡板在一起制作，从而提高生产效率，这种卡板叫作多项卡板。比如，将楦头卡板和后弧卡板制作成多项卡板，如图 5-4-5 所示。

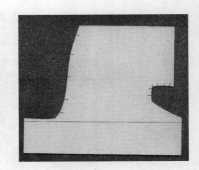

（a）后弧卡板　　　　　　　　　（b）底轴卡板

图 5-4-4　单项卡板　　　　　　　　　　　图 5-4-5　多项卡板

卡板按照使用功能分为设计用卡板和生产（检验）用卡板。设计用卡板主要有不同跟高的底轴卡板、后弧卡板、围度卡板等。生产（检验）用卡板主要有楦头卡板、后弧卡板等。设计用卡板是用来设计母楦的辅助设计工具，而生产（检验）用卡板是依据母楦的楦体曲面复制出来的，用于生产或检验鞋楦的辅助生产工具。

三、鞋楦卡板的检验

鞋楦卡板的准确性直接影响着鞋楦的生产质量及楦体的精确度。在鞋类行业现有技术中，卡板的检验暂无相应标准，但是，在多年的实践经验中，技术人员积累了很多检验方法。

在卡板的设计和制作过程中，需要注意的三字要点为：顺、配（切）、规。

①顺：卡板弧型线条要顺，不得出现棱角、凸起、毛边等现象。

②配（切）：卡板弧型与楦体对应部位相匹配，线与线呈相切状态。

③规：卡板整体形状要规整，使用时不能出现摇动等现象。

具体地说，生产用鞋楦卡板是与鞋楦之间有着过盈配合的公差要求，即两者之间没有间隙，紧密地固联在一起，不能单独活动（理想状态）。但是，对于设计用鞋楦卡板而言，卡板只是一个参照曲线。

第六章　鞋类结构基础知识

本章导学：

　　通过本章学习，学生能够了解鞋类结构设计基础知识，掌握鞋类基本款式结构设计方法，对鞋类结构设计具有初步的认识，同时，可以进行女浅口鞋和男基本款式结构全套样板设计，为今后复杂款式的设计奠定必备理论知识和操作经验。

第一节　鞋类结构设计认知

　　人脚的内外怀有很大差别，通过测量、统计、分析，根据脚型规律设计制作出鞋楦，所以鞋楦内外怀肉头安排不同，造型特点也不相同，在样板设计时，这种差别必然使得内、外怀半面样板也有差别。

　　分别粘贴内、外怀楦面，经过展平而制得各自的半面样板（母板），进行比较，找出其差别，以便指导样板设计时内、外怀差别的处理工作。

一、贴全楦

　　常用的贴楦方法有三种：横向贴楦法、纵向+横向贴楦法、斜向贴楦法。如图 6-1-1 至图 6-1-3 所示。

图 6-1-1　横向贴楦

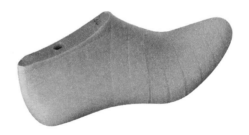

图 6-1-2　纵向+横向贴楦法

　　贴全楦的步骤如下：

　　①把美纹纸贴在背中线、后弧中心线、楦面全长线（内、外怀）的位置处，这四条线起到固定、连接的作用，防止揭下美纹纸时出现断开、散乱现象，如图 6-1-4 所示。

　　②从前往后贴，美纹纸要有 1/3 ~ 1/2 重叠。将楦体统口、楦底处的多余美纹纸准确修剪掉。

　　③在楦体上定出背中线的前端点，因楦

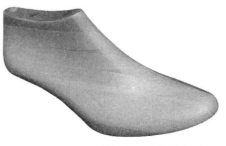

图 6-1-3　斜向贴楦法（适合贴半楦）

体本身不是规则性形体，所以无法以数据形式显示出楦体背中线前端点的确切位置（可凭经验找出此点），楦背中线前端点与第二个脚趾中心点相同，如图 6-1-5 所示。

图 6-1-4　贴楦准备

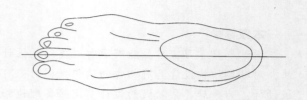

图 6-1-5　楦背中线示意图

④标画背中线与后弧线。定出楦底前端点 J_1，楦底后端点 A_1，统口前（后）端点 K（A_0），分别在 J_1 和 K 中间处找一点 N、A_1 和 A_0 中间处找取一点 M。连接 J_1、N、K 为背中线，连接 A_0、M、A_1 为后弧线。可制作一条 8mm 宽贴有双面胶的硬直条用于画背中线与后弧线或依靠桌面标画，如图 6-1-6 至图 6-1-8 所示。

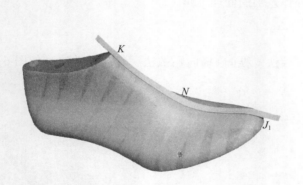

图 6-1-6　依靠硬纸条标画（一）

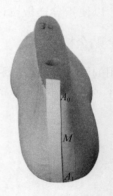

图 6-1-7　依靠硬纸条标画（二）

⑤标画前帮控制线和后帮高控制线。前帮控制线 VH 是前帮控制点 V 点与第五跖趾外凸点 H 的连接线。从后帮中缝高度 Q 点向前量取 $68.8\% \times$ 脚长（mm）作背中线的垂线，垂线与背中线的交点即为 V。后帮高控制线 QO 是后帮高度 Q 点与 O 点的连接线，O 点在前帮控制线 $\frac{1}{2}$ 处，如图 6-1-9 所示。

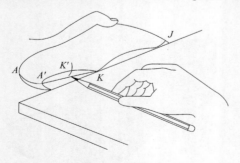

图 6-1-8　依靠桌面标画

例如，女 230 号：脚长为 230mm；男 250 号：脚长为 250mm，男后帮中缝高 QA_1 59～61mm、女后帮中缝高 QA_1 53～55mm。

二、展平

展平的步骤如下：

①用美工刀将楦面背中线及后弧线刻开，再沿着贴楦的方向（反方向揭楦会使美纹纸散乱）将外怀美纹纸慢慢地从鞋楦上揭下来并展平在样板纸上，此过程要尤为小心，否则容易扯破纸面或发生变形而前功尽弃。

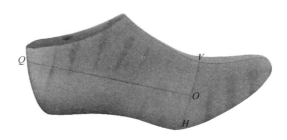

图 6-1-9　控制线标画

②用两手拉住楦前尖和后弧凸点部位的美纹纸，使楦面纵向自然展平，尽量保持楦面总长度不变，再轻轻地将其粘贴在备好的样板纸上，如图 6-1-10 所示。然后用较硬的尺边推平美纹纸的底边，此时底边沿与背中线处都出现细小皱褶（注：不能出现过多皱褶），并且楦面的前尖和后踵部位因其形状类似于球面，底边沿可能会出现破口或皱褶。另外楦面的背跗部位因其特殊的"马鞍状"形体，中间会起皱而使背中线变短，属正常现象。在展平过程中应注意手法，虽然帮样的某些局部发生了变化，但应该控制以下 3 项不能变形：楦全长、楦面各部位宽、楦面后跷高。在以后的半面样板制作当中，大部分均采用此展平操作方法（浅口鞋除外）。

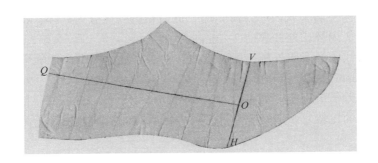

图 6-1-10　半面样板展平

③撕下内怀美纹纸，展平半面板轮廓线。

三、内外怀楦面的比较

图 6-1-11 为内外怀的主要部位比较，对以后的半面样板制作起到很重要的作用（实线代表外怀，虚线代表内怀）。

1. 长度的比较

后弧线上端内怀长度长于外怀 1mm（这是因为内怀第一跖趾关节肉头安排较饱满）；后弧度凸点处内外怀长短基本一致；后弧线下端内怀长度短于外怀 2~3mm（这是因为楦体外怀一侧下部肉头较饱满）。从以上 3 项长度的比较当中可以看出，一般情况下可以用

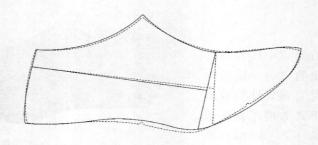

图 6-1-11　内外怀楦面比较

外怀一侧展平面的长度来代替内怀一侧展平面的长度，将内外怀后弧线处理成一致（有一点差别，通过材料自身性能可以弥补）。但在实际操作当中，有时不同鞋楦厂家所提供的鞋楦会有点细小的区别，为了使后帮中缝弧线不出现歪扭现象，有时样板会被处理成以下两种情况之一：①内怀楦面总长度整体比外怀短 2mm；②内外怀后弧处上端长度一样，下端内怀长度短于外怀 2~3mm。

2. 宽度的比较

①前掌处楦底线内怀比外怀窄 2~3mm，在特殊情况下有内外怀宽度相等的现象。如果内怀一侧反而比外怀宽，则应检查背中线的位置是否标画正确。另外在楦体前尖处，若楦头形内外怀不对称（斜头或内厚外薄）时，此时帮脚需区分内外怀，楦头型不同，所靠前的量也不同。一般内怀比外怀靠前 2~3mm。

②腰窝处楦底线内怀多于外怀一定的量，这种多出量的大小往往随鞋跟高度变化，平跟楦一般多出 3~5mm，中跟楦一般多出 5~7mm，高跟楦一般多出 7~9mm。以上数据为经验数据，具体的差值应以实测为主。

③后踵楦底线的比较：一般情况是外怀与内怀后踵面积基本相等，可以认为后踵楦底线相同。

四、部分技术术语

①曲跷处理：给出鞋样平面跷度的方法。

②折边量：鞋帮边缘向里折叠所需的加工量。

③压茬量：鞋帮搭接所需的加工量。

④翻缝：正面重叠缝合后，一边翻转折边，面上无线。

⑤翻缝量：在鞋口部位翻缝时，留出 4mm 的翻缝量，在帮部件之间镶接位置处一般留出 3mm 翻缝量。

⑥合缝量：采用合缝时，一般留出 1.5~2mm 的合缝量。

第二节　女鞋基础款式结构设计

本节以女浅口鞋结构设计为例。

一、女浅口鞋的特点

在众多女鞋款式当中，浅口鞋是一大类款式。浅口鞋是指口门位置靠前、前脸较短、内外怀较矮、大部分脚背外露的一种鞋。

女式浅口鞋的帮结构非常简单，设计起来相对比较容易，但要设计好还需要有一定的实际经验。女式浅口鞋款式是否漂亮，很大程度上取决于鞋口轮廓线。浅口鞋的线条变化主观因素比较强，每个人的审美观不同，所画的线条也不同。其中口门形状是浅口鞋的主要特征，基本形状有方口、圆口、尖口、花形口等。口门形状的选择与楦体的头型有着密切的关系，同时不同口门形状也体现不同的风格。

①尖口式口形：给人一种苗条、俏丽、矫健、玲珑美的感觉，常在尖头楦、尖圆头楦中采用此种口门形状。

②圆口式口形：体现一种传统的含蓄美。

③方口式口形：这种口形的鞋综合了尖口形的矫健和圆口形的含蓄。

④花口式口形：给人一种活泼、可爱的感觉。

二、部件组成

本节所讲女浅口鞋结构为整片式帮面。

三、工艺处理

①帮面：鞋口采用折边做法，后跟处采用合缝做法（注：后跟合缝量一般不另外加出，因一般材料具有伸缩性能可以将合缝量抵消。若遇材料较厚或延伸性能较差的可适当放出）。

②鞋里：由前帮里和后跟里两部分组成，鞋口采用修边（"冲里"的通俗叫法）做法。

四、结构设计

1. 选楦

230 号（一型半），楦底样长为 242mm，面料为 PU 革。

2. 贴楦

贴鞋楦外怀。

3. 画楦

在画楦时需注意鞋口形和楦头形状的关系，鞋口深时须注意拔楦及穿脱是否方便。鞋口浅时需注意要以穿着不易脱落为原则。一般情况下鞋口越深，则鞋墙越低，较好穿；鞋口越浅，则鞋墙越高，不易脱落。

前帮鞋口和外怀帮高深度往往随季节和流行趋势而变化，过去浅口鞋是深帮的，随着时代的变迁，逐渐地鞋口变得越来越浅，鞋墙也越来越低，鞋也越来越清爽、敞亮、暴露。女浅口鞋半面板如图6-2-1所示。

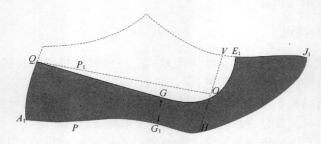

图6-2-1　女浅口鞋半面板

（1）后帮中缝高度 QA_1 的设定

后帮中缝高度 QA_1 为53~55mm，在楦上画出前帮控制线 VH 和后帮高控制线 QO（注：一般折边或者沿口工艺鞋口后帮中缝高度为53~55mm，遇到后帮中缝高度处包海绵时，需另加高3mm左右）。

（2）前帮长度 E_1J_1 的设定（鞋口位置的设定）

从楦底前端点 J_1 沿背中线向后量取长27%×楦底样长（mm）定点为 E_1，作为前帮长度点。

（3）后帮鞋口线的设定

在标画后帮鞋口线时，一般不能高于外怀下沿高度点（在设计时通常以不高于后帮高控制线为原则），但也不能太低，以穿脱方便为准。

注：外怀下沿高度点 P_1 是以外怀边沿点 P 向上垂直量取的最高点（不超过45mm），鞋口线如果超过45mm，就会触到脚踝骨造成脚体不适。外怀边沿点 P 是以楦底后端点 A_1 沿楦底中心线向前量取其长度（22.5%×脚长-后容差）为定点，由此点再向楦底边沿线作垂线，其交叉点称为外怀边沿点。

（4）外怀帮高（鞋墙） GG_1 的确定

浅口鞋要求鞋帮既能包住脚，又要穿脱方便，故外怀帮高 GG_1 最低处以不低于25mm，但也不会超过后怀高度控制线为原则。

4. 制作半面板

①撕下美纹纸，展平在样纸板上，尽量确保底边缘轮廓线不要出现皱褶（此种展平方法仅限于浅口鞋）。

②加放绷帮余量：从前往后各部位加放绷帮余量，通常前尖部位放出14~15mm（注：尖头楦型帮脚放出8~10mm，楦头型较薄的放出13~15mm，楦头型较厚的放出16~17mm），前掌部位放出15mm左右，后帮部位放出16~17mm，其余部位依此过渡，保证线条圆顺流畅。在绷帮余量轮廓线上，进行内外怀差别处理，通常前掌部底边沿轮廓线内怀比外怀窄2~3mm，腰窝部位内怀比外怀多出5~7mm，如图6-2-2所示。

③修正后弧线：后帮中缝弧线分成五等份。上口减去1~2mm，后跟突点处不变，下

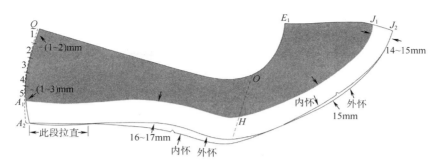

图 6-2-2　加放绷帮余量

口根据半面板展平情况适当减去 1~3mm（主要是为了抵消一部分材料的延伸性，使楦后跟部位更加符楦、平整）。

④检验半面板的后帮中缝弧线是否与楦体的后帮中缝弧线一致。若不一致，可做适当修改。

⑤检验半面板跷度是否与鞋楦相吻合，将半面板背中线对准楦体背中线，按下口门位置处，此时若后帮中缝上口对准楦体后弧线 Q 点（$QA_1 = 53 \sim 55$mm），半面板后弧线与楦体后弧线对齐，即半面板跷度与楦体相吻合，则被确定为浅口式女鞋半面板制作正确。

如果出现后帮中缝上口未对准 Q 点，且在 Q 点之下，则将半面板口门位置底边沿处切断（注意：鞋口处不可切断），并拉开一定的量使其后帮翘起，以后帮中缝上口对准 Q 点为准。

如果半面板出现后帮中缝上口在 Q 点之上，则将半面板口门位置底边沿处切断（注意：鞋口处不可切断）并重叠一定的量使后帮下降，直到后帮中缝上口对准 Q 点为准。

五、制作帮面样板

1. 做帮样板的制作

采用控制长度旋转曲跷法，就是把半面板的某一部分照原来尺寸以半面板的某一点为轴旋转位移。

①取一张样板纸，将其对折，然后在对折线上确定 E_1J_2，使鞋楦上 E_1J_1 长度加出帮脚余量后的总长度与 E_1J_2 的长度相等（前帮长度的设计未超过前帮控制线时，可以使两长度相等）。接着将半面板鞋口位置处背中线上 E_1、V_1 两点平齐对折线，此时勾画出口形位置 E_1O_1 轮廓线（注：实线部分表示必须描出，虚线部分表示展平样的其他部位轮廓，作图时可不画出），如图 6-2-3 所示。

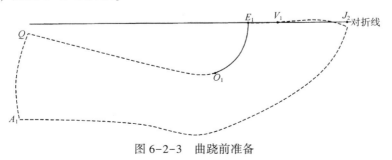

图 6-2-3　曲跷前准备

②按住 O_1 点旋转，使楦头部分的最凸点 J 离对折线为 5~8mm 时，勾画出 $O_1QA_2M_1$ 轮廓线，如图 6-2-4 所示。

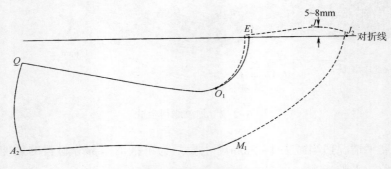

图 6-2-4　第一次旋转示意图

③将 J、V_1 两点平齐对折线，使前尖部分对准 J_2 点处，此时勾画出 J_2M_1 帮脚轮廓线，如图 6-2-5 所示。

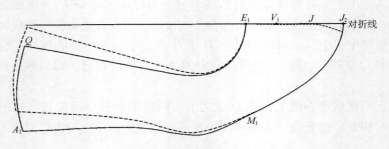

图 6-2-5　第二次操作示意图

④将 $J_2M_1A_2QE_1$ 实线部分修圆顺流畅。区分出内、外怀，其中在鞋口处内怀提高 3mm，如图 6-2-6 所示。

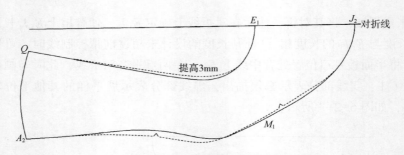

图 6-2-6　第三次操作示意图

⑤割下半面轮廓线并展开，区分出内、外怀，在内怀和中心线楦头位置处做出牙尖 "∧"，并在鞋口处注明 "+5mm" 标记，即为做帮样板。

　　注：牙尖是鞋帮部件边缘上（由下料刀模边缘带出）的小型三角牙口顶尖。

　　样板制作完毕后，在实际操作中还需要注明镶接处所需要的加工余量。例如此样板需要折边的地方，则注明"+5mm"；需要压茬的地方则注明"+8mm"即可。只有"折边量"和"压茬量"可以用数字注明，无需在做帮样板上将余量放出。但是其余加工余量则不能用数字注明，例如，做帮样板的合缝量、翻缝量及鞋里样板的所有加工余量等，均需要在样板上将加工余量放出，使帮面加工更加准确。

2. 划料样板的制作

在做帮样板的基础上，鞋口处放出折边量 5mm，并且在楦头处做出大一点的牙尖"∧"或者半圆弧形，目的是消除楦头帮脚处的皱褶（注：消除楦头帮脚处的皱褶方法在以后的章节中不再举例说明）。

3. 衬布样板的制作

在做帮样板的基础上，折边处减去 2mm，帮脚处减去 8mm 即可。

六、制作鞋里样板

1. 前帮里样板的制作

在做帮样板的基础上制作里样板。鞋里里样的断开位置离后帮中缝弧线的距离分别是：后帮上口处为 45～55mm，底边沿处为 60～70mm，如图 6-2-7 所示。

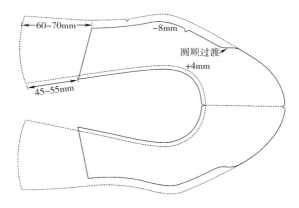

图 6-2-7　鞋里样板处理示意图

第一种情况的做法：鞋头处缝包头线做法（贴包头）。鞋口放出修边量 4mm，后部帮脚处减去 8mm。帮脚处线条注意要圆顺过渡，不可出现直角现象，否则会增加打制刀模成本。

第二种情况的做法：鞋头处不缝包头线做法（加入热熔胶做法）。鞋口放出修边量 4mm，前部帮脚处减去 5mm，后部帮脚处减去 8mm，中部帮脚线条依此过渡修顺。其中鞋头部分预留的 3 个较大一点的牙尖"∧"，目的是在底部成型时便于前帮机夹制，避免里皮滑脱。

2. 后跟里样板的制作

在做帮样板的基础上，将后跟部分的半面板割下。后跟里样板制作方法很多，以下重点介绍后帮中缝下口开斜缺口做法和合缝做法。

（1）后帮中缝下口开斜缺口做法

首先将后帮中缝上口 Q 和下口楦底棱线处 A_1 平齐对折线，勾画出轮廓线。因为鞋里分布在鞋的内腔，里皮自然要比帮面短，所以需将与前帮里的镶接处整体减短 3mm，以此消除皱褶。另外在鞋口处放出 4mm 的修边量，与前帮里的镶接处放出 8mm 压茬量，此时将外轮廓线割掉，区分出内、外怀，再将帮脚处减去 8mm，做出内怀牙尖，最后再在帮脚处割一斜缺槽即可（有利于减少工艺制作当中出现的皱褶量），如图 6-2-8、图 6-2-9 所示。

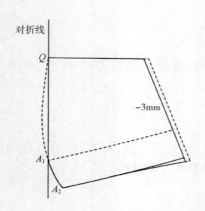

图 6-2-8　后跟里制作示意图（一）

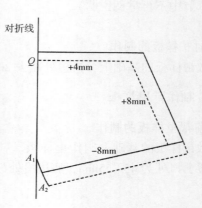

图 6-2-9　后跟里制作示意图（二）

后跟里与前帮里的镶接处所需要的压茬量，通常情况下是根据工厂设计人员或者工人操作习惯自由设定其在后跟里或者在前帮里的部件样板上放出。但若遇前帮里为天鹅绒等类似的材料时，则一般需要在前帮里的部件样板上放出压茬量。

压茬量的四个角度处可以处理成弧形。原因有两个：一是避免在镶接时压茬量的角度外露；二是方便打制刀模。

（2）后帮中缝下口合缝做法

该做法基本上与开斜缺口做法的一样。所不同的是，将帮脚 A_1A_2 后弧线平移 3mm 左右至 A_3A_4 处，作为后跟里下口合缝的位置，如图 6-2-10 所示。

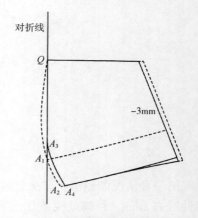

图 6-2-10　后跟里制作示意图（三）

第三节　男鞋基础款式结构设计

本节以暗橡筋围条舌式男鞋结构设计为例。

暗橡筋围条舌式鞋也叫船式鞋、套式鞋、懒汉鞋等，其特点是不系鞋带，穿脱方便，线条流畅，潇洒大方，一年四季都适穿，没有鞋带、纽扣或扣环之类的附件，通常在脚附面设置橡筋布，借助橡筋布的弹性变化控制鞋口的大小。

围盖式鞋前帮被分割成围条与鞋盖两部分，是男低腰鞋中所占比重较大的一种款式，受到大多数消费者的喜爱。围盖式鞋款式变化多样，主要是在鞋的头型、围盖及横条上变化出一系列款式，花样繁多。

一、围盖式男鞋简述

根据围条和鞋盖的结合方式可以分为以下六大类。

1. 围条鞋类（也称围子鞋）

围条鞋是指围条压在鞋盖上的一种围盖鞋。取样板时鞋盖上放出压茬量，围条上放出折边量。加工时，围条压在鞋盖上缝制，在围条上留有针车的线迹。围条把鞋盖围住后有一种被收缩的感觉，适于设计较沉稳的鞋类，如图6-3-1所示。

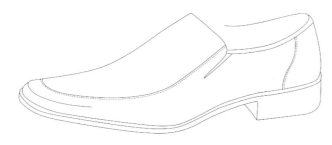

图6-3-1　围条鞋

2. 镶盖鞋类

镶盖鞋是指鞋盖压在围条上的一种围盖鞋。取样板时，鞋盖上放折边量，围条上放压茬量。加工时，鞋盖压在围条上缝制，在鞋盖上留有针车的线迹。鞋盖压住围条后，类似立体的浮雕，四周有向外延伸的感觉，适于设计有动感的鞋类。

3. 合缝做法的鞋类

合缝做法是指鞋盖与围条部件进行合缝，分为内合缝和外合缝两种工艺。取样板时，鞋盖与围条都要放合缝量。帮面加工时，缝合后要轻轻敲平并贴上补强衬布。其中内合缝做法整个帮面比较平整，看起来有简洁轻快的感觉，适于设计比较秀气的鞋类。如果在缝隙间嵌有装饰细条，更显得新颖。另外与之相对应的外合缝做法（俗称"合站立"），则有休闲的味道，适于设计比较粗犷的鞋类。

4. 翻缝做法的鞋类

翻缝做法是指围条的反面缝制在鞋盖的正面，然后再将围条翻转过来轻轻敲平，类似于围条鞋而不见线迹。取样板时，围条放翻缝量，鞋盖放压茬量。这种鞋给人一种清爽的感觉，适于设计稳重的鞋类。

5. 缝埂鞋类

缝埂鞋是将围条与鞋盖缝出一道立体棱线的一种围盖鞋。在立体棱线缝出后，周边往往有一圈均匀的皱褶，针对这一特有的外观，缝埂鞋又被叫"皱头鞋"等。均匀的褶皱不仅加强了立体造型，而且还有一种宽松舒适的感觉，适于设计休闲鞋类。

6. 假围盖鞋类

假围盖鞋是指鞋盖与围条之间有明显的分割位置但又不断开的一种围盖鞋。分割围条与鞋盖，常采用车假线、凿花孔、穿花条、缝埂等工艺手段，突出围盖的特色。取样板时，要把围盖的分界位置标记出来。

二、结构设计

1. 部件组成

围条，鞋盖，外包跟，橡筋布，橡筋样片。

2. 工艺处理

①鞋面：围条压接鞋盖，鞋盖放出压茬量，围条采用折边做法；鞋舌采用沿口工艺（细滚做法）；外包跟压接围条，围条放出压茬量，外包跟采用折边做法；鞋口采用贴沿口包缝做法。

②鞋里：由前帮里、后帮里、鞋舌里、后跟里四部分组成，鞋口采用贴沿口包缝做法。

3. 定位画楦

①选楦：舌式鞋楦 250 号（二型半），楦底样长 280mm。

②贴楦：楦头贴全楦，后帮贴半楦。

③画楦：暗橡筋围条舌式男鞋帮面结构如图 6-3-2 所示。

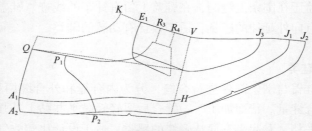

图 6-3-2　暗橡筋围条舌式男鞋帮面结构

三、制作半面板

半面板制作方法同本章第二节"女鞋基础款式结构设计"中的半面板制作方法。

四、制作帮面样板

用分解法或锥子扎点法，从展平后的半面板上分别将橡筋布、橡筋样片、外包跟、鞋盖、围条的部位半面板制取出来。

1. 鞋盖样板的制作

鞋盖样板的制作方法多种多样，不同的曲跷方法也会有不同的处理技巧。鞋盖半面板的1/2处旋转曲跷法步骤如下：

①在鞋盖半面板背中线上较平坦部位 E_1、V_1 两点平齐样板纸的对折线上（允许半面板 E_1、V_1 两点中间离对折线有空隙1mm），画出 E_1BB_1 轮廓线，同时确定旋转中心点 O_3（O_3 点在 $1/2V_1B_1$ 处），如图6-3-3所示。

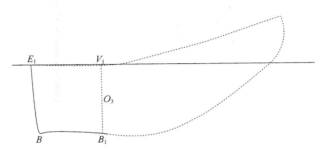

图6-3-3 样板的制作（一）

②以 O_3 点为中心旋转样板，使鞋盖前部下降，此时鞋舌自然上升，当旋转至背中线上的 V_1、V_2 两点之间平齐对折线时为止。过 V_2 点向下作垂线，与鞋盖的边沿线相交于 B_2 点，此时勾画出 B_1B_2 轮廓线。接着再以 O_4 点（O_4 是 V_2B_2 的中点）为中心旋转样板，当旋转至背中线上的 V_2、V_3 两点之间平齐对折线时为止。过 V_3 点向下作垂线，与鞋盖的边沿线相交于 B_3 点，此时勾画出 B_2B_3 轮廓线（用同样的方法勾画出其他轮廓线），如图6-3-4、图6-3-5所示。

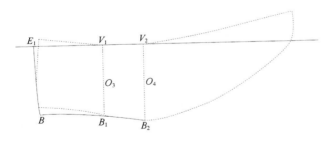

图6-3-4 样板的制作（二）

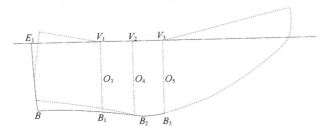

图6-3-5 样板的制作（三）

③将线条修顺即可，如图 6-3-6 所示。

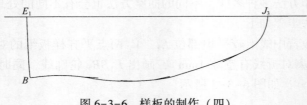

图 6-3-6　样板的制作（四）

鞋盖样板曲跷方法很多，但结果基本上是一样的，问题的焦点是工艺操作的方便程度和成鞋后的准确性。总之，需要经过大量的实践，才能真正领会其原理，并在实践中能够灵活运用。

注：鞋盖样板的特殊处理参见鞋类结构设计相关书籍，如《鞋靴样板设计与制作》（高等教育出版社，2009）。

2. 围条样板的制作

①将围条半面板楦头部分平齐样板纸的对折线，勾画出楦头部分所有轮廓线 J_3I 和 J_2M_2，如图 6-3-7 所示。

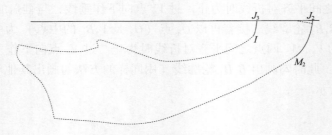

图 6-3-7　围条样板的制作（一）

②以 I 点为中心旋转样板，使围条后帮部分下降，楦头部分自然上升，考虑围条的合理套划的同时，自然而然也就形成了一个工艺跷，去掉一个工艺跷后，围条后帮张开较大的角度，便于排料套划，同时也消除了楦头帮脚处的部分皱褶量。其中去掉的工艺跷度越大，张开的角度也就越大，但张开的角度越大不一定最省料，所以要通过同身套划来核定工艺跷的大小。实践验证将围条同身套划最为省料。

③细节调整与处理，如图 6-3-8 所示。

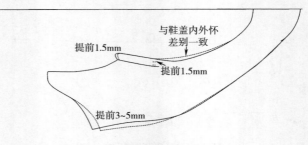

图 6-3-8　围条样板的制作（二）

五、制作鞋里样板

鞋里样板制作包括后跟里样板、鞋舌里样板、前帮里样板、后帮里样板。具体制作方法可参见鞋类结构设计相关书籍。

第七章 鞋类工艺基础知识

本章导学：

通过本章学习，学生能够初步认知鞋类生产工艺，了解鞋帮制作基本工艺、成型操作基本工艺，了解鞋帮工艺加工基本要求，掌握成型工艺加工基本流程，为一般鞋类生产技术实践奠定必备的理论基础。

第一节 鞋帮工艺基础

鞋帮工艺是制鞋的重要工序，包括裁断、片料、刷胶折边、缝帮、鞋帮定型等。帮部件加工工序质量的好坏直接影响产品的外观质量和后续工序的进行。

一、裁断

1. 裁断工具

裁断方法分为手工裁断和机器裁断，机器裁断适合大批量生产，而手工裁断适合小批量生产。

手工裁断工具有水银笔、剪刀、垫板。

机器裁断工具有刀模、裁断机（平面裁断机、摇臂式裁断机、龙门式裁断机）。

裁断时的垫板也是有选择的，根据硬度高、中、低的不同，垫板分别制成红色、绿色和白色三种颜色。红色垫板适用于 PU 革、面革、海绵、橡胶和布料的裁断；绿色垫板适用于牛津布、箱包革、底革、纸、纸板和丝质材料的裁断；白色垫板适用于纺织品、毡、布、PVC 橡塑合成材料和热熔型主跟、内包头的裁断。

2. 裁断方法

（1）手工裁断

手工裁断工艺流程：熟悉样板结构—领料—配料—标记伤残—套划—编号—裁断—分号验收。

手工裁断选料精细，排料合理，用料节省，但速度慢，效率低，适合小批量生产和造型复杂的产品。当使用高档材料时，帮件质量要求高，如果工时不太紧张的时候，可采用手工裁断。

手工裁断有直接使用划裁刀一次裁断和先画后剪两种技法。

①划裁刀裁断：划裁刀是用刀片钢制成的，用大拇指、食指和中指捏刀，靠在压于面革之上的样板边上，刀与样板边贴紧，刀杆与样板面垂直。沿样板边缘用刀下压划行一周，即裁一形状相同的帮件。

②剪刀裁断：将样板放在材料上，在其周边用粉包或笔画出部件形状的轮廓线。然后用剪刀或革刀按线迹剪断。也可将革全部画满帮件轮廓线后，再统一裁剪。全部画完再裁

剪的方法有利于样板套裁；也利于全面策划灵活地进行躲伤或巧妙地利用伤残；便于对套画中不当之处予以修改纠正。这种方法可由高级工人（技术娴熟）画线，新工人剪裁，既提高裁剪质量又提高效率。

裁剪时注意将水银线痕迹全部处理干净。

（2）机器裁断

机器裁断工艺流程：检查刀模—调试裁断机—调节裁刀冲程—裁断—分号验收。

①刀模：刀模是用带钢冷弯或锻轧的方法制成的。它的刀刃是淬火后按样板校正磨的刃。此种刀模坚固耐用，但制作较费工时，需有一定设备，工艺难度大。它适用于大批量的产品或帮部件使用，如图7-1-1、图7-1-2所示。

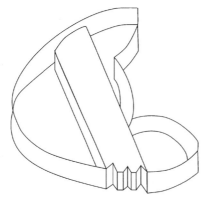

图7-1-1 裁断刀模

图7-1-2 裁断后部件

刀模一般有3种标准高度：19、32、50mm；刀模也有3种标准厚度：2、2.5和2.8mm。

②裁断机：高速平面裁断机如图7-1-3所示。开机运转正常后，用手拉出托板和塑料垫板，将选料套划好的面革平铺于垫板上，按照革面上所画好的部件、尺码，以先主要部件后次要部件为原则选择刀模，对着水银笔印将刀模放置于面革上，要求部件、尺码、位置必须与革面上的水银笔印吻合，然后用手握住托板侧面的拉杆，将塑料垫板以及上面的皮革和刀模一起推进上压板的下方；待托板停稳后，双手离开托板抬起，按动上压板两个按钮，此时上压板下降，冲压刀模后上压板自动抬起，完成一次裁断动作，用手拉出托板，取出刀模，并取出部件。

图7-1-3 高速平面裁断机

二、片料

通过手工或机器片剖加工，按着工艺要求修整鞋帮料件厚度的加工过程叫片料（俗称批皮）。

1. 片料的目的

①调整帮部件的厚度。不同的工艺要求部件的宽度和厚度均不同，严格按照工艺要求片料，否则影响外观和内在强度。

②镶接处整齐美观。经折边后的线条光滑流畅，否则会出现帮面不平的现象，影响鞋的美观。

③有助于穿用舒适及后续工序的进行。否则帮部件太厚，影响折边和缝帮，鞋在穿着时易硌脚。

2. 片料的种类

按照片料的目的可将片料分成两类：通片和片边。

（1）通片

通片用于调整帮部件的整体厚度，从而达到鞋类工艺标准的要求。

通片时采用的设备主要是带刀通片机和圆刀片皮机。带刀通片机主要用于片削大面积的面革和部件的通片，圆刀片皮机主要用于面积较小的部件的通片，如沿口皮、穿条编花皮、保险皮等以及部件边缘的片边操作。

通片之前应将被片料件整理平整，特别是当料件较软、有皱褶不平整时，一定要摊平后方可进行，否则片出的料件厚薄不匀，严重时会出现破洞和残缺。因被片料件的形状多种多样，因此在通片时要注意选择进刀的位置，使料件不易被片坏。经验表明，应该选择料件形状比较完整的、缺口较小的部位进刀，否则料件容易产生变形或厚薄不匀、片坏等现象。

（2）片边

片边是指片削部件边缘，满足部件边缘折边、搭接和清洁规整的加工要求。

片边会将料件边缘片削成斜坡形状，不同部位、不同工艺、不同材料片边的要求有所不同。按照不同的工艺要求片边分为片折边、片压茬和片切割边 3 种类型。

①片折边：将片边后的部件边缘折回一部分，并粘牢敲平，称为折边；对折边部位边缘进行片削的操作称为片折边。具体要求如下：

a. 片边的宽度依据折边量而定。一般片宽 = 2×折边量，折边量为 4~5mm，所以片宽一般为 8~9mm。"片 8 折 4" 或 "片 9 折 5"。

b. 片厚指的是片宽 1/2 处的厚度，一般片厚 = 1/2 皮厚，实际上片削时，以露出纤维、易折回为原则。

品种、部件或部位不同，片宽也随之变化，例如，为了保证男鞋的后帮鞋口边缘（包括舌式鞋的鞋舌边缘）的强度以及表现男性的沉稳和刚毅，要求鞋口折边后的边缘应饱满、圆润，所以折边宽度可选定为 6mm，片边宽度定为 10~11mm。

不同品种、不同部件、不同部位的片边厚度，应根据设计要求或生产工艺规程，结合皮革厚度和其片边的宽度来实现。例如，三节头式男鞋后帮上口要厚一些，包头则要薄于后帮上口，中帮压接后帮的口门边缘要薄于包头折边等。

②片压茬（片搭接边）：两个部件要缝合在一起有很多工艺，最常见的就是压茬工艺，也称搭接工艺和内搭工艺。

压茬工艺处部件包括上压件和下压件。上压件可采用折边或一刀光工艺，两部件要缝合在一起，下压件一定要放出压茬量，为了绷帮时平整无棱，穿用时不硌脚、不磨脚，同时保持强度和外观要求，压茬部位一般要片边，一般内搭量 7~8mm，片削量＝片削量+1，即 8~9mm，片厚要比片折边厚。片压茬根据工艺要求又分为片正面和片反面。

注意事项：a. 绒面革下压件的片边宽度应小于搭接宽度 2mm，过大时容易露白。b. 为了进行部件搭接组装时的黏合方便，有时必须在下压件的正面（粒面）边缘片除或磨掉涂饰层，以利于上下层部件的黏合和搭接，比如翻缝工艺下压件的压茬位置。如果鞋面革材料比较软、比较薄，不宜片削正面，一般用双面胶来代替。

③片切割边（清边）：部件缝合工艺除了压茬工艺以外，还有很多工艺，如包缝、合缝、一刀光、压缝等，对采用这些工艺的部件边缘大部分也要进行片削，主要是为了美观和容易车帮。

a. 合缝清边。为了合缝后平整无棱，边缘厚度均匀、缝线整齐顺畅，需要片切割边。合缝时合缝量一般为 1.5 mm，片削宽度为 3~5 mm，边口留厚 0.7~1.0mm；敲平以后，一般都要加衬料补强。

b. 一刀光。不加任何放余量，片料的目的是调整厚度，使毛茬不外露，帮面平整，不硌脚。

ⓐ上压件清边，片削肉面，片宽 4~5mm，边口留厚 0.8~1.2mm。对薄软型的女鞋部件，边口厚度可降至 0.5~0.9mm；反绒面革只需要片接触面，片宽 4~5mm，边口厚度 0.8~1.2mm。

ⓑ整洁性清边，有些部件既不搭接又不折边，只是防止绒毛外露，为了保持部件边缘整洁，需要片切割边。如内耳式鞋鞋舌除了前端需要片搭接边外，其余三边需要片去网状层，达到清理绒毛和整洁的要求，片宽 8~9mm，边口留厚 0.5~0.8mm，劳保鞋后帮上口片切割边厚度为 1.2~2.2mm。

c. 包缝清边。鞋后帮上口若不进行折边，而是进行包缝等装饰性操作，需要片切割边，但厚度视品种与工艺区别而定。女士浅口鞋，后帮上口细滚时，片切割边后的边口留厚可薄至 0.6~0.9mm；男式鞋，后帮上口滚宽口时，片切割边后的边口留厚可达 1.0~1.2mm；一般宽度 3~4mm 即可。

3. 片料方法

片料方法可分为机器片料和手工片料，此处重点介绍片边方法。

（1）机器片边操作

正式片料前一定先要试片，用左手拇指、食指和中指握住被片部件，使部件的一边与标尺接触，从左边平稳地把部件送进压脚与送料砂轮之间，部件被送料砂轮推向转动的刀刃，经过刀刃的片削，从压脚的右方输出。

注意事项：片料操作时也要根据材料、工艺要求和环境、设备等而有所变化。一般包括以下几种情况：

①片削薄、软的部件，用手指将部件理平整，托平后送入压脚进行片削，否则片边后出现宽窄不一或残缺破边现象。

②片削较厚硬的部件，片边时先在下刀处片去一角，再将部件送入压脚进行片削，否则由于材料过厚、硬，容易将送料砂轮压低使部件出现破洞或破边。

③当部件由于气候或涂饰层等原因，发生打滑或涩刀时，不要硬拉或硬推，否则会产生变形或形成皱纹，造成片削残缺或破洞。若正面革出现这种情况时，可将部件片削部位与机油布接触或在压脚下接触面粘上有助滑作用的胶布，片削时可适当将部件向前带动。

（2）手工片边

当机器片边有拐弯死角或轻微的质量欠缺时，以及部件组合粘贴时的需要，必须使用手工方法休整片边或补充片削，这种修补的片削过程，又统称为"改刀"。

以下几种情况需要手工片边。

①折边的部件边缘没有片出口、片削斜面宽度不一、厚度不一。如果不片边就不能使折边整齐、厚度一致。

②由于圆刀刃口不锋利，造成部件边缘的片削面上出现高低不平的瓦棱状。如果不片边，会使折好的边缘也成高低不平的状态。

③搭接部位的粒面需要片边以利于粘贴，需要轻微片去涂饰层，采用机器片料难以达到要求，需要手工片边。

④凡部件尖角和拐弯处（内角或外角）需要折边的，如果难以达到拐弯折边的要求，需要手工片边。

三、折边

将已片削的帮部件刷胶，并按照样板将部件边缘的多余部分向肉面拨倒、黏合、敲平的过程叫作折边，所用的样板称为做帮样板或折边样板。折边时有刷胶和贴不干胶两种黏合工艺。不干胶的特点是操作简便、无污染，不影响皮革的呼吸性能，对于天然皮革制作休闲鞋以及透气性要求很高的皮鞋，折边时可采用不干胶，没有刷胶痕迹；对于易受胶液污染的皮革部件，也可采用不干胶折边。贴不干胶时应距边4~5mm，揭掉蜡纸即可折边。

1. 折边类型

一般折边量为4~5mm。皮鞋的款式千变万化，部件的形状多种多样，导致折边类型也有很多种，常见类型如下。

（1）直线型

部件边缘呈直线型，如横担、鞋上口、分割线等。手工折边、机器折边（自动折边机）都要求折边平直。

（2）凹弧型

部件边缘呈凹弧型，如围圈，如果凹度不厉害，则可依靠皮革的延伸性使其折边后平伏，如果凹度比较大，则要打剪口，如图7-1-4所示。

剪口的深度一般为折边量的2/5~3/5，占边宽的1/2左右。剪口过浅，折边时难以折得平伏；剪口过深，影响强度，在后面的缝帮、绷帮、脱楦过程中易将边口撕裂。

　　剪口的间距一般以 1.5～2.5mm 为宜。剪口过密，影响边口的强度；剪口过疏，折边难以平伏。

　　剪口的疏密深浅要根据部件凹度的大小决定，"弯大疏浅，弯小深密"。

　　内凹边缘的弯曲半径越小，剪口就越密。例如三节头内耳式中帮口门两侧弧度，每个剪口相距约为 1.5mm，剪口深度为 2.5～3.0mm，约占边宽的 1/2，而后帮上口弯曲半径大，剪口间距可稍许放宽一点，大约为 2.5mm，深度为 2mm，约占宽度的 1/3，对于更大的内弧虽然有点弧度，但皮革的延伸率和弹性比较好的话，就不需要打剪口了。

图 7-1-4　凹弧型折边

　　要求剪口的疏密、深浅程度一致，折边后的部件边缘平伏、光滑、流畅、无凸棱、无皱褶。

　　（3）角谷型

　　帮部件的折边部位呈两边夹一谷的状态，折边时，在角谷底部的尖角处距谷底 0.2～0.5mm 打剪口。剪口深度过深，易露出毛茬；剪口深度过浅，则折边不平伏。一般加衬布补强。

　　（4）凸弧型

　　部件边缘呈外凸弧线型，如鞋耳部位，欲使折边平伏、整齐，折边时将多余的部分打褶，要求打褶细密、均匀，折边后的部件边缘光滑、自然、平伏、无棱角。

　　（5）尖角型

　　帮部件需折边的部位呈尖角型，如横条，折边时剪去一角。剪得太少，折边不平伏；剪得太多，露出毛茬，影响美观。

　　凡是直角或接近直角的两边折边时，直接用剪刀剪去一角，注意剪口的位置正好在尖端顶点处，不能偏离，以免角端偏斜，如图 7-1-5 所示。

图 7-1-5　尖角型折边处理方法

　　先在折叠的一边两端各打一个剪口（一顺一倒），再在余下的两角顶各打一个剪口，注意剪口深度距部件轮廓的尖角 0.2～0.5mm，或者在顶角处剪掉正方形废料。

　　剪口的角度大小合适，剪口与折边的角度应略小于顶角的 1/2。剪口角度过大，另一边折过来的时候就会粘不住、裹不紧，且折边过厚影响外观；剪口角度过小，夹角合不拢，中间出现缝隙。

2. 折边操作

　　折边分为手工折边和机器折边。

（1）手工折边

部件肉面向上，左手大拇指压住侧面，食指和中指扶起折边量，按照边缘轮廓线将部件边口卷起，无名指在其后沿部件轮廓线边做辅助扶边动作，左手一边折，右手用榔头一边捶，自右向左跟随左手食指边敲边移动，将折边敲实粘牢。折至凹弧面时，为了保证轮廓线刚好全部折回，速度要慢；折至凸弧面时，先打褶再捶边。

榔头的锤面与垫板的接触角度要恰当，这是折边质量的关键。要以榔头外侧的半个锤面为着力点，敲打折边部位的折叠部分，榔头要掌稳，不要摇晃，落锤要轻。若以锤面的中心点为着力点，敲打折边部位的中心

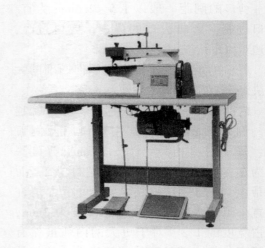

图7-1-6　折边机

或出口，边口则受不到力而悬浮着，折边则会高低不平，影响质量；若以锤面边缘为着力点，由于力量过于集中，往往会将帮皮面敲坏，出现裂开或损伤。最好在折边石或垫板上粘贴一块面革起缓冲作用。

（2）机器折边

机器折边时边口不用刷胶，采用颗粒状的热熔型胶粘剂，机器有自动喷胶系统，开动机器，边喷胶边折边，折边机如图7-1-6所示。

四、帮部件的镶接

在部件缝合之前，一般都需要将两个或多个部件临时黏合在一起，以满足帮部件装配的要求和便于缝合操作。这种将部件临时黏合定位的操作称为部件的镶接。部件与部件的边口相互重叠在一起时，其相互重叠的量称为压茬量或镶接量。部件镶接是部件缝合装配的辅助工序，也叫搭接，如图7-1-7所示。常见的镶接种类有帮面部件与帮面部件的镶接，帮面部件与帮里部件的镶接，帮面部件与衬件的镶接和帮里部件与帮里部件的攘接等4种。

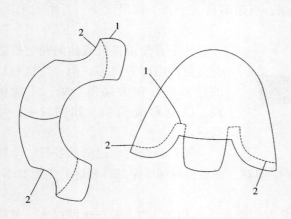

图7-1-7　帮部件镶接
1—锁口起点　2—相互重叠线

1. 帮面部件之间的镶接（搭接）

从形态上讲，皮鞋是一种立体的产品，而它又是由多个平面的部件组合而成的。因此，部件之间镶接后可能呈平面状，也可能呈曲面状。部件间呈平面状的镶接称为平镶，而呈曲面状的镶接则称为跷镶。

（1）平镶

平镶的镶接部位多处于鞋楦较为平坦的部位，也常用在大部件上镶接小部件或装饰件。平镶时部件与部件平放镶接，镶接后的镶接部位仍然呈平面状。

（2）跷镶

跷度搭接分为手工搬跷和机器定型搭接两种。机器定型搭接是对部件进行定型后再进行搭接，技术要求与手工相同。

对准中点，将搭接部件中点对正，分内外两侧，按照标志点、线逐段进行搭接黏合。如三节头中帮与后帮搭接，先把中帮口门正中标志点对准后帮两鞋耳的中缝并黏合，然后，自中心点向两旁将中帮按内搭线逐段对准，并盖压 0.5mm，粘贴，不能误差太大，不能硬拉、硬推，否则会造成紧帮或松帮等现象。

曲跷搭接（俗称搬跷），即镶接部位必须搬出一定的跷度，使部件呈曲面状态，中心点对正后，沿着标志点、定位线随着弯曲形状进行搬跷，搬跷时注意内外怀均匀对称，防止歪斜。

2. 鞋里镶接方法

对于单鞋的浅口鞋类一般先对里部件进行镶接，组合成完整的鞋里套。而对于矮帮鞋而言，往往是各帮面部件先分别与各自的帮里部件组合，然后在帮面部件间相互镶接组合的同时，完成帮里部件之间的组合。不过有些特殊情况，帮里部件之间不需要镶接，而是直接与帮面部件镶接并缝合。里皮的镶接多为平镶，镶接办法与帮面部件镶接相同。

3. 帮面与鞋里的镶接

帮面与帮里的镶接，一般是以楦面中轴线为基准，对照部件的中轴线、口门中心点以及后帮合缝线等进行镶接。

帮面与帮里的镶接有两种形式，即活接和牢固镶接。

（1）活接

所谓活接是指帮面与帮里部件的边缘进行小面积的黏合。活接后的组合部件在后加工工序中仍需要在两部件之间夹入固型支撑件或衬件，因此称之为活接，如三节头式的包头与前帮布里的镶接等。活接多采用天然橡胶胶粘剂和双面胶带进行黏合。

（2）牢固镶接

所谓牢固镶接是指帮面与帮里全部粘满、粘牢，在此后的加工工序中，不需要在两部件之间夹入固型支撑件或衬件，因此称之为牢固镶接，如鞋舌面与帮里、凉鞋条带面与帮里、网眼鞋的网眼皮与皮里的黏合等。牢固镶接除可使用天然橡胶胶粘剂外，还可以在里料上喷涂热熔胶。

五、帮部件缝合形式

帮面的缝合形式有很多种，如平缝、合缝、拼缝等。

1. 平缝法

平缝法主要用在以下两个方面：

①单层的帮面：装饰线或帮面上缝合面积较小的起装饰作用的部件。

②单层的帮面和帮里：鞋舌和鞋舌里三边的缝合；后帮上口面和里的缝合。

2. 压茬缝法（搭接缝法）

压茬缝法应用最为广泛，在结合牢度要求高且较明显的部位使用，如前帮和后帮的结合。采用压茬工艺的上压件和下压件缝合时采用压茬缝法。上压件通常采用折边或一刀光工艺，下压件放出 7~8mm 的内搭量。

（1）搭接缝合方法

缝合时上压件的边缘与下压件的标志线（下压线）对齐，沿着上压件的边缘保留一定的距边宽度（1~1.5mm）缉线一道。部件镶接包括两种，即平面搭接（部件间呈平面状）和有跷搭接（部件呈曲面）。

①平面搭接：镶接时，按照标志点在部件上刷胶或粘贴双面胶，按顺序粘贴部件，上面部件盖住下面部件标志点、线 0.5mm，要求粘贴平坦顺畅，用榔头敲打粘贴部位，粘贴牢固。

②有跷搭接：位于楦面跷度大的部位，也是样板需要曲跷处理的部位，如包头线、口舌线、鞋盖与围条，鞋盖镶接时，将鞋盖部件两侧边缘部位分别拉长 3~4mm，使镶接后呈曲面，利于绷帮和定型。

（2）搭接的缝合标准

上压件是折边时距边 1.2mm；若为毛边，距边 1.5~2.0mm。

男鞋鞋帮采用 11 号针，40 号线，针距 9~10 针/20mm。女鞋帮采用 9 号针，60 号线，针距 10~11 针/20mm。

（3）搭接的线迹模式

①单线模式：单针缝纫一道线，线条细小、含蓄、简约，但强度低。

②并线模式：用单针或双针缝合相互并列的线，间距为 0.8~1.2mm。

③离线模式：用单针缝合第二或第三道离线，再缝第一道边线，线迹端庄秀丽，缝纫强度高。离线间距为 3~4mm。

④混合模式：并线与离线同时存在，线迹清晰，轮廓突出，多用于男正装鞋。

注意：包头与中帮搭接时，边距 2mm，包头边口厚，轮廓线条圆润丰满；内耳式中帮口门轮廓线边距 1.5mm，重叠次数多，平整、圆滑；鞋盖压围条边距 1.5mm；围条压鞋盖，边距 1.2mm；线道多时，第一道线边距为 1mm。

3. 合缝法

（1）普通合缝法

将两个部件粒面相对，边口对齐，距边 1.0~1.2mm 缉线一道，起止处打回针 2~3针，然后将两部件展开、敲平，粘贴补强带（合缝法缝合撕裂强度低，需要加衬布加固，否则在展开敲平及绷帮时易将针眼拉开，产生"呲眼"现象），此种缝法最常用于后帮内外怀、前后帮的结合等。

（2）合缝压线法（压缝）

合缝压线法可提高强度，用于劳保鞋、军用鞋。有以下两种方法，合缝压线法正、反面如图7-1-8所示。

①合缝→展开敲平→肉面居中粘贴衬布（宽10～12mm）→在粒面合缝线两侧各缉线一道。距中缝间距1.0～1.1mm。

②合缝→展开敲平→粒面居中放置保险皮→在保险皮粒面边缘各缉线一道。

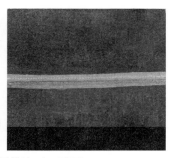

图7-1-8　合缝压线法正、反面

4. 翻缝法

翻缝法一般包括暗线翻面、暗线翻里、明线翻里缝法。

（1）暗线翻面缝法

部件表面不露缝线，表面光滑美观，用于围条与鞋盖缝合。注意：起止处打回针针距10～11针/20mm，9号针配60号线。

（2）暗线翻里缝法（翻缝、鞋口双折边）

面和里翻缝，可以加海绵或回力胶，也可不加。休闲鞋后帮上口或棉鞋后帮上口通常采用这种工艺。

（3）明线翻里缝法

面部看到缝线，里部件看不见线，大多用于男正装鞋、绅士鞋。特点是底线不易摩擦，后帮上口边缘光滑整齐。

5. 拼缝法（对缝法）

整理两个部件边缘并齐后，使用摆针缝纫机沿轮廓线缝合，如图7-1-9所示对缝处平整无棱，缝合处撕裂强度低。拼缝法多用于棉鞋里部件的缝合，以免鞋里太厚，帮面不平，也常用于运动鞋、休闲鞋、军用鞋的后缝。

图7-1-9　拼缝法实物图

第二节　成型工艺基础

一、绷帮前工序

1. 领料

按生产通知单领取鞋帮、大底、中底、鞋楦、鞋带等。注意左右配成双。

2. 拴带

对于大多数系带鞋都需要在绷帮前系好鞋带，预防绷帮时帮面受力不均造成不应有的变形，为了避免在流水线上损坏鞋带，往往用塑料绳子或便宜鞋带代替。在脱楦后的整饰工段，再穿上鞋带。系带时不能系得太紧也不能太松，原因如下：

①太紧，即两耳的间距小于设计尺寸，会造成以下情况：绷帮余量不足，影响帮底结合的牢度；由于系带后的帮面结构偏离了原来的设计尺寸，所以要伏楦只能依靠强力和皮革的延伸性，使帮面受力增大，容易产生呲眼和系带后跗围过大、不合脚的结果。

②太松，即两耳的间距大于设计尺寸，会造成以下情况：帮脚余量过大，不易绷帮；跗围过小，挤脚。

故拴带时，比设计的两耳间距小 2~3mm，两耳对齐，间距不应过大，也不应过小。

图 7-2-1　钉枪法固定示意图

3. 固定并修内底

（1）固定

现多采用打钉枪钉钉的方法进行固定，打钉枪为气压传动，具有工作可靠、打钉速度快、结构紧凑的特点，所用钉子有圆柱形和 U 形两种，一般选用 U 形钉，容易拔出。将中底钉在楦底面上，楦底弧度比较大的一般钉三颗钉，而对于楦底弧度比较平缓的楦只需钉两颗钉即可，目的是将中底紧贴楦底，如图 7-2-1 所示。

①固定方法：楦底面朝上，将内底端正地扣伏在楦底面上，左右手手掌分别握住鞋楦的附背及后跟底部位，手指拢住内底边缘，使其不动，然后将射钉孔对准固定的定钉位，按动射钉开关，射钉器即可射出固定钉。第一颗钉位于距前尖 30~40mm 的楦底中轴线上；第二颗钉位于腰窝部位前端，使中底贴紧楦底面，避开勾心；第三颗钉位于后跟的踵心位置。

②工艺要点：内底必须成型，内底弧度必须与鞋楦底盘弧度相符，特别是踵心、腰窝、跖趾部位的纵向跷度；内底边缘不得超过鞋楦底盘边缘，否则成鞋楦底规格、形状不稳定；必须将内底紧固在楦底盘上，不得有相对位移，另外绷帮后内底钉容易取出；勾心弧度与楦底盘不符时，在钉内底前先给予修正定型；钉子不能过长，钉子长度正好穿透内底并钉进楦底 2~3mm；尽量少用钉子。

（2）修削内底

钉内底后如果出现内底与楦底棱不符时要精修，可使用割皮刀对照楦底盘边缘进行修削，不得刮伤鞋楦。修削后内底边缘应与楦底的边口垂直，形体尺寸一致。另外，对于组合底的高跟鞋类，跟座（大掌面）必须与内底后跟部位安装位置大小一致，按跟座形状修削。

4. 主跟和内包头的回软

主跟和内包头在回软装置之前边缘一定要片削，否则绷帮后会在帮面上留下印痕。

经过回软处理的主跟和内包头分别装置在后跟和前尖部位的帮面和里之间，通过绷帮，与帮部件一起成型、定型，从而起到保持鞋型的作用。目前在企业里通常采用 3 种方法对主跟和内包头进行回软，根据主跟和内包头的材料而定，即溶剂浸泡法、浸水法、加热回软法。

由于安装主跟和内包头的方法、流程基本相同，这里不再重复讲述，详见鞋类相关工艺书籍。

5. 后帮预成型

后帮预成型就是把后帮、主跟、衬里三者黏合为一体，并且基本达到鞋楦后身的形状。

①预成型的作用：便于绷帮成型，减少绷帮前的调整时间，提高绷帮质量。对主跟部位进行预成型，使帮面、帮里及主跟更加紧密地结合在一起，保持鞋口的口型，避免敞口现象，内外表面光滑无褶皱、挺实而有弹性，一般用于女士浅口鞋。

②方法：一是冷成型法（对主跟和后帮先加热再冷却成型），适合热熔型主跟；二是热成型法，适合普通主跟。

③技术要点：后帮在楦模上的高度要正确，特别是同双鞋高度要一致，拉伸力不可过大或过小。拉伸力过大则发生鞋帮变形或撕裂鞋帮；拉伸力小则成型效果差。成型后帮内外表面不得有褶皱现象；主跟在面里之间粘接牢固、均匀，整体平顺圆整。

6. 刷绷帮胶

在内底边和帮脚上刷胶，机器绷帮时可以将帮脚粘固在内底上，如果使用自动喷胶绷帮机则无需这道工序。在各种绷帮方法中此方法的工艺流程很简单，操作方便。操作过程要求：在内底周边及帮脚上刷上白胶，内里上的刷胶宽度为 12~15mm，帮脚周边上刷胶宽度为 10mm。一般使用白乳胶，刷胶之后停放时间控制在 3~10min，停放时间不宜过长，防止干胶，影响黏合牢度。

刷完胶后，鞋帮经过烘箱加热烘干，一般在流水线的第一道烘干通道中进行。夏天温度控制在 60~70℃，冬天 70~80℃，烘干到"指触干"。

二、绷帮（手工绷帮）

1. 套楦

将鞋带系紧后，鞋帮对正套在鞋楦上的操作称为套楦。具体步骤如下：

①将鞋带按照一字型方法系紧，如图 7-2-2 所示。

②把鞋帮套在鞋楦上，鞋帮对称中间点与鞋楦所在位置对准，对正套楦，如图7-2-3所示。

③在鞋舌以上、鞋耳以下位置塞入纸板，防止绷帮成型后鞋带在鞋舌上留下痕迹。

④在鞋带以下、鞋耳上面塞入纸板，防止鞋带在鞋耳上留下痕迹。

图7-2-2　系鞋带　　　　　　　　　　　图7-2-3　套楦

2. 定位

定位是指确定鞋帮各部位在楦体上的位置，使绷帮后的成鞋符合设计和工艺要求，并做到左右脚对称一致。先前帮定位再后帮定位。

（1）前帮定位

前帮定位有五钉法、七钉法、九钉法。为保证前帮定位准确，内外怀不发生偏移，后帮合缝须对正后弧线，前脸长度符合设计要求。如定位不准确则重新进行定位。定位后，鞋帮内外怀对称，鞋帮端正，不要发生扭转；鞋脸不要过长也不要过短；后帮高符合设计要求；内外怀帮高不要过高或过低；另外定位时要注意帮面材料的性质、楦型结构和帮面结构的特点。

检查与调正：用尺子测量鞋脸长度，比标准加长1~2mm，各部位要端正，伏楦。检查各部位线条是否流畅、恰当，头形尤其是围盖鞋宽度形状应一致。

（2）后帮定位

①查看后帮后缝是否在鞋楦的中心线上，如有歪斜调整好，一般用双手握住内外侧帮脚，进行拉伸、错位或推搡移动，调整位置。

②落楦，拉后帮帮脚，后帮下降，使后帮高达到设计要求，不能偏高也不能偏低。在后帮合缝包脚处钉第一颗钉，理顺帮里、主跟、鞋帮，在主跟（长度超过内底边缘3~5mm）两侧所对应的位置钉第二、三颗钉。

后帮定位时，注意内外怀帮高要符合设计要求，外怀高不得高于外踝骨，否则磨脚；内怀高于外怀1.5~2.0mm。

3. 粗绷

粗绷主要针对比较厚硬的真皮材料。从定位到细绷难以一次完成绷帮时，对包头和主跟位置进行粗绷，将皱褶基本固定好，再进行细绷。

4. 细绷（手工精绷）

定位、砸型后，需要进行精绷，使整个帮套紧伏楦体，帮脚紧粘楦底棱和内底，消除内底边 5mm 以内的褶皱。细绷后鞋帮帮脚平、帮面伏、无棱，同双对称一致。细绷也叫排钉（捣钉）。

5. 注意事项

①绷浅色鞋帮时，握楦的手需要垫上干净的白布，或者把塑料纸罩在鞋帮上，防止鞋帮受污。

②钉子距离帮脚的距离、钉入的深度要一致。

③钉子打倒的方向要和楦底棱垂直，而且角度一致。

④前尖、后跟、腰窝处钉子之间的距离要分别均匀一致。

三、绷帮后工序

1. 砸型

在定位之后，用榔头或包钳以及专用工具对帮面及帮脚进行砸型或按摩，否则帮面难以平伏及定型。

主要砸楦底棱、主跟、内包头、鞋盖、围条相接部位，前后帮相接部位，鞋里皮相接部位，鞋帮上口、腰窝和缝线处以及帮面有褶皱处。

除了使帮面平整外，还要砸出楦头曲线。注意将楦头的棱脚线条及花式形态砸出来，让楦头上的特点充分凸显到鞋表面上，使线条更加流畅，要求无捶痕，不要砸伤帮面。

2. 绷帮后检验

检验同双鞋的前帮围条高度、前帮长度、围盖大小、内外中帮高度、后帮高度是否符合工艺要求，以及口门是否端正。检验绷帮的标准："正符平实、规范无伤"。

①正：以楦前后端点为中轴线，鞋帮对中，其余各部件左右对称、协调一致。

②符：帮面紧伏楦面。尤其跗背、腰窝及鞋口部位无空浮现象。

③平：帮面平整无棱，帮脚平伏，子口线清晰，圆滑流畅。

④实：面里与主跟、内包头粘实，无空松现象；主跟、内包头紧伏楦体；鞋里松紧适度，无堆积皱缩现象。

⑤规范：同双对应部位的长短、高矮、大小、线型对称一致，符合设计与工艺要求，主跟、内包头安装位置规范。

⑥无伤：无刀、剪、钉子造成的割伤、划伤以及榔头的砸伤，无放置不当产生的磨伤和压痕，帮面无绷裂、豁口，无粘楦等加工缺陷。

3. 干燥定型

帮套所含湿分，主要指主跟、内包头的溶剂和胶中所含多余水分，通过干燥定型排除湿分，强化帮套的定型效果，防止帮料回缩、皮鞋发生变形、保存过程中发生霉变等。

可以采用自然干燥（周期长，很少采用）、热风固型机、热定型机、急速定型加硫机（加硫即加湿和加热）进行干燥定型。真皮需要湿热定型，而合成材料只需要进行干热气流定型。

烘干温度视设备而定，一般控制在 100℃，时间 6min 左右。

4. 拔帮脚钉

用拔钉钳拔除帮脚与中底上的钉子，注意拔钉的方向和帮脚倒伏的方向相同，否则容易把帮脚拔带起来，造成帮体变形。若是直钉，可使用绷帮钳以及平口钳或胡桃钳；若是 U 形钉，改用 V 形改锥或绷帮钳拔除内底钉。

四、合底前黏合面处理

1. 画子口线

为了确保黏合外底的质量和对黏合面的加工到位，防止黏合不严密或胶液渗出污染鞋帮，需要画出子口线。只对鞋底是高边结构的鞋画子口线，否则刷胶或砂磨时难以控制宽度。

2. 黏合面的处理

为了确保胶粘皮鞋的黏合质量，需要预先对黏合面进行处理，黏合面的处理包括两种方法，一种是砂磨起绒，一种是化学处理。

①砂磨起绒：砂磨黏合面，使两部件界面更好地黏合，称其为砂磨（各地称法有砂茬、打砂轮、砂帮脚、拉毛等）。

②化学处理黏合面：如对于橡胶材料的外底，首先也要打磨，再刷处理剂处理，而对于像 TPR、EVA、PU、PVC 等成型底，只需用相应的处理水处理即可。

五、合外底

将刷胶并烘干活化后的帮脚、中底、外底黏合在一起的操作称为合外底。

1. 刷胶

对于真皮材料的帮面要刷两遍胶，而对于合成材料的帮脚刷一遍即可。刷胶之前一定要净化。工艺流程：净化黏合面—配胶管理—刷第一遍胶—胶膜烘干—刷第二遍胶—胶膜活化。

2. 合外底的基本条件

①黏合面达到"指触干"。

②硬质外底已经回软。

③操作间干爽，室温与烘箱温度的差别不要大于 30℃，以免工件离开通道后因温差过大而凝结水汽，严重影响黏合强度。

④环境清洁，要与做砂磨起绒工序的车间隔离，以免粉尘随空气漂浮在黏合面上，污染胶膜。

3. 合外底的技术要求

①严格控制烘干活化程度，确保黏合质量。

②黏合准确、端正、严密，无偏移、扭曲现象。

③子口线清晰，黏合严密，无余胶或胶丝。

④帮底黏合面紧密接触，底心处无空气滞留，腰窝部位的空气应全部排出，避免穿用时气流挤压、膨胀而冲开粘合面，造成开胶。

⑤鞋底稍大时可先贴合四周，将多余的部分向中间挤压并使其消散。

⑥有些便鞋在合外底时才放勾心，注意勾心摆放正确，不可歪斜。

⑦保持清洁，手不要触摸胶膜。

⑧帮底对位要仔细，需要看准贴合部位再实施黏合，力求一次成功。

⑨黏合后跟时，如果鞋底稍长，把后跟往前用力推移，使多余的部分集中在腰窝。如果鞋底稍短，则把鞋底用力拉伸，黏合后跟。

4. 手工压合

合外底后，在机器压合之前，要对鞋底边缘进行手工压合。先用手用力压合，再用锤子协助推压，以保证机器压合之前不会开胶。

六、合底后处理

1. 压合

外底黏合后，通过垂直作用力或水平作用力排除黏合面的气体，增加接触面，加强黏合牢度，促进胶分子的渗透作用，增强相互吸附力，这个操作称为压合。

如果鞋底是低边结构的，黏合外底之后直接机器压合即可。如果鞋底是高边结构的鞋不需要压合，黏合外底后用榔头沿外底边缘压一圈，尤其腰窝部位，然后是鞋头、趾跖部位等。

外底的压合是在压合机上完成的，压合机的种类有很多，比如气垫式、气囊式、墙式、十字型，企业里普遍采用的是气垫式和盖式压合机。

2. 终端定型

终端定型也叫冷定型，是对鞋进一步更加有效的定型方式。冷定型就是将处于常温状态下的皮鞋急速冷冻到0℃以下，使鞋帮更加贴楦，鞋型更好。

–15℃时冷却15~20min，不但适用于胶粘皮鞋，也适用于线逢皮鞋、胶粘旅游鞋和运动鞋等产品。

七、出楦

将鞋楦从鞋腔内部拔出的操作称为脱楦或出楦。

1. 出楦的基本条件

成鞋完全定型，黏合强度达到最高或达标，一般企业在流水线运转4h以后开始出楦，如果不进行冷、热定型直接出楦，对鞋的破坏相当严重，因为出楦时需要将鞋弯曲变形，等于在黏合面上施加了剪切力，削弱黏合强度。

2. 方法

鞋楦的结构不同，出楦操作也不同。整体楦和铰链弹簧楦一次性拉出；有楦盖的鞋楦必须先出楦盖，后出楦身；而两截楦先出后跟楦，再出前尖楦。

出楦的方法有手工出楦和机器出楦。生产中多采用手工出楦。常用的拔楦机有机械传动拔楦机、液压拔楦机、气动拔楦机等。

第八章　鞋类计算机辅助设计基础知识

本章导学：

本章是对鞋类计算机辅助设计专用、通用软件的一般功能讲解，并对鞋类专业软件在鞋类造型结构设计中的应用进行概述，使学生初步了解鞋类计算机辅助造型结构设计，培养学生学习鞋类计算机辅助设计的兴趣。

随着现代鞋类设计的快速发展，设计师的个人素质也在不断的提高，除了设计理念的更新，新材料、新工艺的应用和炉火纯青的手绘彩色效果图技法外，鞋类设计现在越来越多地采用计算机应用软件来完成。这样不仅与现代科技信息发展相协调，提高了生产效率，降低了成本，而且可以在样品制作前生成逼真的设计效果，可直观查看并优化鞋款的造型、颜色/纹理、鞋跟和鞋底等设计的每一个部分和过程。这样一种虚拟的、形象化的设计表达方式，将会变得越来越重要。

第一节　鞋类计算机辅助二维设计

本节以 Photoshop 软件为例，介绍鞋类计算机辅助二维造型设计的相关知识。

运用 Photoshop 软件进行鞋类效果图设计属于鞋类计算机辅助技术范畴，是基于计算机与鞋类造型设计知识于一身的交叉技能。现阶段，应用计算机技术进行鞋类造型辅助设计的实例相对比较多，在各相关网站、论坛对鞋类计算机爱好者的作品和设计方式也都有很多交流。大家结合自己的工作实践，摸索出许多行之有效的设计方法，多数已经应用到设计生产实践，并在生产实践中不断改进提高，从而为企业创造了良好的经济效益。

一、Photoshop 软件基本知识

如果要真正掌握和使用一个图像处理软件，不但要掌握软件的基本操作，而且还应该了解图像图形方面的相关知识，如图像类型、图像格式和颜色模式等。只有这样，才能更好地发挥良好的创意思维，制作出高品质、高水平的设计作品。

1. 图像设计基本概念

（1）图像种类

图像类型可以分为两种：矢量图与位图。这两种图像各有特点，为了在操作时更好地完成作品，可以在绘制、处理图像的过程中，将这两种类型混合运用，以便达到需要的效果。

①矢量图：以数学方式来记录图像内容。其优点在于所占空间小，在放大操作中，不会影响图形的清晰度（不会失真）。

②位图：是由点（像素点）组合成的图像，可以制作出颜色和色调变化丰富的图像，

这类图像很容易在不同的软件之间进行文件交换。

（2）文件格式

由于工作环境的不同，所需要的效果不同，故需要存在多类文件格式。一般来说，软件都有其自身独特的文件格式，但为了与其他文件交流（共享），也会有通用格式。为了达到设计效果，有时需要在多个软件中进行设计，这就导致数据文件要转换成相应格式。图形图像常用格式有 PSD 格式、BMP 格式、TIFF 格式、JPEG 格式、GIF 格式等。

PSD 和 PDD 格式是 Photoshop 软件自身的专用文件格式，能够支持从线图到 CMYK 的所有图像类型，但由于在一些图像处理程序中没有得到很好的支持，所以它并不通用，PSD 和 PDD 格式能够保存图像数据的细节部分，如图层、遮罩、通道等，以及 Photoshop 对图像进行特殊处理的信息，在没有最终决定图像的存储格式前，最好先以这两种格式存储。

BMP 是一种与硬件设备无关的图像文件格式，使用非常广。它采用位映射存储格式，除了图像深度可选以外，不采用其他任何压缩，因此，BMP 文件所占用的空间很大。BMP 文件的图像深度可选 1bit、4bit、8bit 及 24bit。BMP 文件存储数据时，图像的扫描方式按从左到右、从下到上的顺序。由于 BMP 文件格式是 Windows 环境中交换与图有关的数据的一种标准，因此在 Windows 环境中运行的图形图像软件都支持 BMP 图像格式。

标签图像文件格式（Tagged Image File Format，简写为 TIFF）是一种主要用来存储包括照片和艺术图在内的图像的文件格式。它最初由 Aldus 公司与微软公司一起为 PostScript 打印开发。TIFF 与 JPEG 和 PNG 一起成为流行的高位彩色图像格式。

JPEG 是 Joint Photographic Experts Group（联合图像专家组）的缩写，文件后缀名为".jpg"或".jpeg"，是最常用的图像文件格式，由一个软件开发联合会组织制定，是一种有损压缩格式，能够将图像压缩在很小的储存空间，图像中重复或不重要的资料会被丢失，因此容易造成图像数据的损伤。

GIF 是用于压缩具有单调颜色和清晰细节的图像（如线状图、徽标或带文字的插图）的标准格式。

2. Photoshop 软件工作界面

（1）标题栏

前半部分显示软件名称和图标，后半部分用于进行最小化窗口、最大化、还原窗口和关闭窗口，如图 8-1-1 所示。

图 8-1-1　标题栏

（2）菜单栏

包括软件所有命令及各种设计面板，如图 8-1-2 所示。

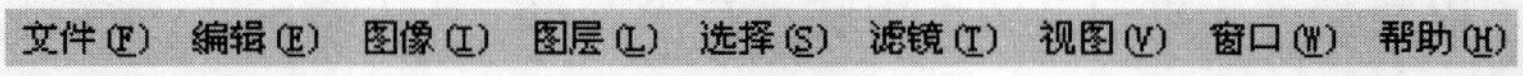

文件(F)　编辑(E)　图像(I)　图层(L)　选择(S)　滤镜(T)　视图(V)　窗口(W)　帮助(H)

图 8-1-2　菜单栏

（3）工具箱

包括软件在设计过程中经常应用的工具，如图 8-1-3 所示。工具图标下有黑色小三角形标记的表示它是一个工作组。展开工作组的方法如下：

①左键单击有黑三角的工具图标，然后长按左键即可展开。

②在工具图标上右键单击展开。

（4）工具属性栏

当选择某个工具后，菜单栏下方的工具属性栏就显示出当前工具的相应属性和参数，方便对它进行设置，如图 8-1-4 所示。

（5）面板组

面板组主要包括导航器面板组、颜色面板组、历史记录面板、图层面板组等。

（6）状态栏

默认为显示文档的比例、文档的大小，通过单击后面的小黑箭头，可以改变状态栏所显示的信息，如图 8-1-5 所示。

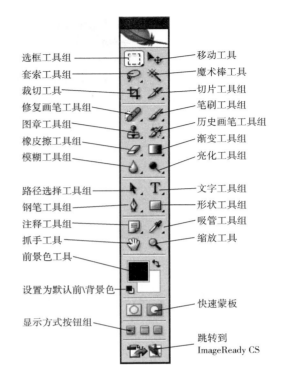

图 8-1-3　工具箱

图 8-1-4　工具属性栏

图 8-1-5　状态栏

二、造型设计思路及基本操作

在鞋类效果图设计过程中，工具的基本操作是一个软件最主要的必备知识，在这里，将所有相关基础操作知识融入到设计过程中，对每个设计步骤逐一阐述。设计者可通过这一设计思路，拓展思维，形成自己独特的设计风格。

1. 新建文件，设置参数

在 Photoshop 软件中创建一个空白图像文件，执行"文件"→"新建"命令，在弹出的对话框中设置文件名称及各项参数。按快捷键 [Ctrl+N]，也可以按住 Ctrl 键双击 Photoshop 的空白区，出现如图 8-1-6 所示的对话框。

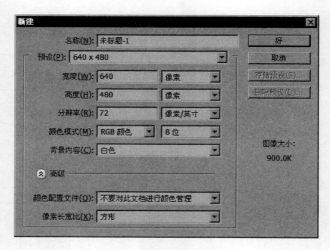

图 8-1-6　新建界面

①名称：就是图像储存时候的文件名，可以在以后储存的时候再输入。

②预设：指的是已经预先定义好的一些图像大小。如果在预设中选择 A4、A3 或其他和打印有关的预设，高度和宽度单位会转为厘米，打印分辨率会自动设为 300。如果选择 640×480 这类的预设，分辨率则为 72，高度和宽度单位是像素。宽度和高度可以自行填入数字，但在填入前应先注意单位的选择是否正确。

2. 创建鞋子轮廓

此步骤可以使用多种编辑工具，如钢笔工具、画笔工具等，如图 8-1-7 所示。在设计时主要使用路径工具（钢笔工具）进行设计。

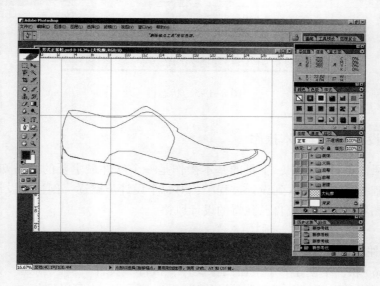

图 8-1-7　鞋子轮廓图

3. 部件的设计

操作流程：新建图层→绘出轮廓→转化为选区→填充色彩。

①新建图层，执行"图层菜单"→"新建图层"命令→在对话框中填写部件名称及参数设置→点击"确定"按钮。

②绘出部件轮廓，使用钢笔工具功能将部件图形细致绘出轮廓线（要求闭合图形）。

③转化为选区，单击右键→建立选区→在选区对话框中点击"好"按钮→填充色彩，初次填充色彩。

4. 部件效果的制作

操作流程：填充色彩→效果设计→滤镜效果（根据设计需要可以省略）。

①填充色彩，执行"编辑"→"填充"命令→选择需要的色彩→在填充对话框中单击"好"按钮。

②效果设计，执行"图层"→"图层样式"命令→选择需要的效果（设置参数）→在图层样式对话框中单击"好"按钮（也可以在图层样式调板上点击"添加图层样式"）。

③滤镜效果，执行"滤镜"→选择需要效果。

部件效果图如图 8-1-8 所示。

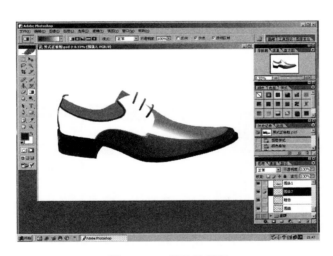

图 8-1-8 部件效果图

三、工艺效果的设计

1. 缝线的制作

缝线制作主要包括两个部分：缝线边效果制作和线迹制作（路径制作、线制作、点制作）。

（1）缝线边效果制作

执行"图层"→"图层样式"→"斜面与浮雕"命令→调整对话框中参数（主要针对缝线边）。

97

（2）线迹制作

①路径制作：使用钢笔工具进行线迹路径设计→进入路径模板。

②线制作：使用画笔工具并调整缝线色彩等参数→点击路径模板中的"用画笔描边路径"。

③点制作：使用画笔工具→画笔工具选项栏中的"画笔"→"画笔笔尖形状"调整间距等参数→点击路径模板中的"用画笔描边路径"。

2. 装饰件的制作

新建图层→选择或制作装饰件图案（设计、扫描或数码拍摄实物）→复制粘贴到新建图层（可参照效果制作部分）。

3. 投影的制作

执行"图层"→"图层样式"→"投影"命令→调整对话框中参数→在对话框中单击"好"按钮。

四、整体效果的设计

在对各部件结构及效果基本设计完成后，还需要针对整个鞋子进行整理，主要是制作出立体效果，使得鞋款效果图更加真实、形象，如图 8-1-9 所示。在 Photoshop 软件中，增加效果图的立体感，有很多方法。在这里，只介绍较为容易掌握的两种方式，分别是"加深减淡"工具和"打光操作"。

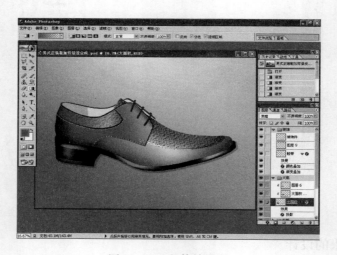

图 8-1-9　整体效果图

1. "加深减淡"工具

使用减淡工具可以使图像局部变得越来越亮，使用加深工具则相反。使用海绵工具可以对图像进行加色或去色操作。具体的实际操作在这里不做讲解，因为立体效果的设计，每个人都有着不同的理解，主要根据个人感觉和熟练程度不同。

①加深的阴影：这种感觉就好比同时调整对比度与饱和度，也就是向同色系深色加重（对白色无作用）。

②加深的高光：好比同时降低亮度与增加灰度，向黑色靠近（可以对白色进行加重）。

③中间色：无论加深或减淡的中间色都是融合两种效果的形式进行加深和减淡的。

④减淡的阴影：它和加深的高光是相对的，也就是同时提高亮度和灰度，向白色接近（可以对黑色进行提亮）。

⑤减淡的高光：和加深的阴影相对提高对比度与饱和度，向同色系高光色靠近（很多平面设计中的高亮对比色都是这样处理的）。

2. 打光操作

此项操作，主要是针对主体图像中需要加亮（高光）的位置，使用 Delete 键（删除键）有层次地删除部分像素的过程，从而对效果图增加亮度，体现出立体效果。

选取操作过程：选择工具栏的 ⬭ 椭圆选框工具→设置容差（一般为 10~30）→按住鼠标左键拉动，选定一个椭圆形区域→按 Delete 键。

本节内容是通过对 Photoshop 软件在鞋类造型设计中重点基础知识的阐述，为计算机辅助鞋类造型的深入学习奠定必备基础知识。同时，将此领域中设计过程及重点技术做了初步概述，使得初学者了解鞋类计算机辅助造型设计思维。本节中有关 Photoshop 软件的名词概念、工作界面等基础内容有意简写，详解可参见图形图像设计相关书籍。

第二节　鞋类计算机辅助三维设计

一、基于 ShoeMaker 的造型结构设计

ShoeMaker 是针对制鞋行业研发的专业制鞋 CAD/CAM 系统，包含从鞋楦设计、鞋款设计、级放和鞋片切割等多个软件模块，每个模块都可以独立运行，为制鞋企业提供了一套快速、有效地进行鞋类 3D 设计、造型、逆向工程、放码、制造（包括工艺）的的解决方案。该系统集成大量的样式素材库，包括基本款式结构素材库，楦体、跟底样式素材库，属性线特征设计素材库，装饰件素材库，纹理材质素材库等，全面提高设计效率，缩短设计时间。

1. 主要工具栏介绍

主要工具栏如图 8-2-1 所示，使用主工具栏上的按钮，可以创建完整模型，包括三个主要部分：

①基本操作和导入按钮。

②具体的鞋类按钮。

③输出和可见性按钮。

图 8-2-1　主要工具栏

2. 材质库介绍

添加一个材质库![icon]的步骤如下：

①点击"管理库"显示对话框，对话框的标题确切地依靠所使用的库（例如鞋楦、配件、冲孔）。

②使用选项对话框上的"管理"添加和删除材质库。

③点击"确定"。

3. 库窗口介绍

活动库是以粗体文本显示的。在库中的垂直选项卡显示文件夹，横向制表显示每个文件夹下的子文件夹。

创建一个新项目到库中的步骤如下：

①确保要求的库被选中。

②点击![icon]，使用 powershape 工具。

③保证必需的库被选择。

④点击![icon]，以接受更改并返回到 ShoeMaker 模式，显示的对话框反映了所选的库（缝合、管/冲孔/配件）。

⑤输入必需的细节内容。

⑥保存项目并返回到库，该项目增加到库。

注：![icon]表示材质库；![icon]表示缝合库；![icon]表示管线库；![icon]表示配件库；![icon]表示鞋带库。

4. 鞋楦介绍

点击![icon]，激活鞋楦功能，使用鞋楦功能中工具栏里的工具创建编辑鞋楦。

注：![icon]表示鞋楦识别向导；![icon]表示鞋楦编辑；![icon]表示鞋楦展平；![icon]表示展平鞋楦对话框。

5. 款式线介绍

单击![icon]，显示绘制款式线工具栏，使用工具栏上的按钮在鞋楦上创建和编辑款式线。

![icon]表示选取款式线；![icon]表示打开模板工具栏；![icon]表示产生款式线。

单击![icon]，创建款式线对话框，光标会变为![icon]。单击鼠标左键，插入一个点。从起点开始到终点创建一条封闭的曲线。拖动关键点来编辑款式线。当需要创建角点或者拐点时

按下 Ctrl 键；需要创建一个尖利或光滑的角点时，使用鼠标右键，从弹出式菜单选项中点选。当需要创建一条连续而分开的款式线时需要按下 Shift 键并且对齐到另外一条款式线的终点处。当需要创建一条款式线垂直于另外一条时，可以通过按下 Shift 键在现有的款式线上单击来完成。

（1） 在鞋楦上产生曲线

①单击 ，显示创建款式线对话框。②按住鼠标左键移动光标在鞋上插入线。

（2） 改变款式线的几何元素颜色

①单击 ，显示创建款式线对话框。②单击 ，显示色彩模式。③从调色板中选择一个新的颜色。④完成款式线的草图。

（3）改变现有款式线的色彩

①选择一条款式线。②单击 ，显示色彩对话框。③从调色板选择一种新的颜色。

（4） 创建连接/未连接的镜像款式线

任何改变都会被镜像到鞋楦的另一边上。选择一条款式线。单击 按钮，图形显示镜像的线条 。

（5） 产生连接的款式线的偏置

①选择款式线。②单击 ，显示偏置线条对话框。③输入一个负的偏置值改变线条。④点击"确定"，将会显示偏置过的款式线。

（6） 插入/删除点

①选择款式线。②单击 。③点击线条添加一个点时光标会变成 。④通过删除一个点的存在时光标会变成 。

6. 鞋片介绍

单击 ，显示鞋片对话框，使用工具栏上的按钮来创建和编辑鞋片。

 表示完成鞋片选项。

 表示产生鞋片。点击该区域变为封闭的曲线。开始创建鞋片时这个图标是默认选项。

 表示产生鞋垫。用填充工具栏在鞋片上产生。

 表示产生鞋片边缘折叠。使用边缘工具栏产生边缘折叠。

 表示改变鞋片偏置量。

创建并附加鞋片的步骤：①选择鞋片。②单击 。③单击的选择区域，将被附加到鞋片上，现有的鞋片则会突起一块。

7. 缝线介绍

点击工具栏上的缝合图标 ，使用工具栏上的按钮在鞋楦上创建并编辑车缝线。 表示选取车缝线； 表示在鞋楦上产生车缝线； 表示勾画车缝线。

（1）创建车缝线

①点击 图标，弹出车缝线。

②从库中选取车缝线效果。

③画出车缝线，点击鼠标左键选取线上的点进行调整。

④点击鼠标右键，完成创建，或者在鞋楦上双击鼠标左键 。

⑤创建所需的其他车缝线。

⑥点击 ，完成创建。

（2） 产生款式车缝线

从库中选择车缝效果，将需要的车缝线拖动到已有线条处。

（3） 产生边缘车缝线

点击 图标（边缝线弹出）显示工具栏中的边缝线。使用工具栏上边缝线按钮创建并编辑边缝线。

（4） 重设缝合间隙

选取一条车缝线，点击 增加缝合间隙，点击 减少缝合间隙，点击 重设间隙。

（5） 重设方向

选取一条车缝线，点击 逆时针旋转，点击 顺时针旋转，点击 重设方向。

（6） 重设尺寸

选取一条车缝线，点击 增大尺寸，点击 减小尺寸，点击 重设尺寸。

（7） 连接的镜像

所做的任何修改都将镜像到鞋楦的另一侧。

选取一条车缝线，点击 按钮，图形显示连接的镜像车缝线 。

（8） 产生连接/未连接的车缝线偏置

对车缝线的任何修改都将反应在偏置线上。

① 连接的偏置：选取一条车缝线，点击 显示偏置对话框，输入一个负的偏移值来改变偏置的方向，点击"确定"，图形显示连接的偏移线缝 。

②中断连接：选取一条车缝线，点击 ，打断通过镜像相联系的连接车缝线。

（9） 延伸款式线

选取一条车缝线，点击 ，在蓝色的一端显示它将延长，若要更改扩展方向，按 T 键。在鞋楦上增加新的起点。点击 完成款式线的延伸。

（10） 插入/删除点

①插入点：选取一条车缝线，点击 图标，点击线条，添加一个点时光标会变成 。

②删除点：选取一条车缝线，点击 图标，点击线条，删除一个点时光标会变成 。

（11） 将线条裁成两段

选取一条车缝线，点击 ，线条被裁成两段。

（12）  附加线条

选取一条车缝线，点击 ，点击另外一条车缝线，将两条车缝线连接成为一条单独的车缝线。

8. 鞋底介绍

点击 ，激活鞋底工具栏，点击此按钮创建鞋底和鞋跟，点击 ，完成鞋底操作。

注： 为输入鞋底并对齐； 为创建鞋底； 为创建高级鞋底界面； 为鞋底创建向导； 为创建鞋跟； 为创建高级鞋跟； 为鞋跟创建向导。

（1）对齐鞋底对话框

点击 ，弹出如图 8-2-2 所示对话框。

（2）在鞋底上的对应点选取 Heel Point

①在鞋底上对应点选取 Toe Point。

②在鞋底上对应点选取 Middle Point。

③如果路线不是很准确，或者鞋底需要缩放，可以结合以下的选项进行调整：在长度（X）、宽度（Y）和高度（Z）方向，通过比例变化来改变鞋底的尺寸；在长度（X）、宽度（Y）和高度（Z）方向，移动鞋底位置；在长度（X）、宽度（Y）和高度（Z）方向，旋转鞋底方向。

图 8-2-2 鞋底对话框

（3）选择按钮

"确定"表示可以接受的路线，并关闭对话框。"取消"表示路线不做任何改动，并关闭对话框。"放弃"表示接受设置并关闭对话框。

二、基于 Shoemaster 的造型结构设计

Shoemaster（数码达）鞋类专业设计软件是众多鞋类专业软件中设计功能比较全面的二维、三维设计软件，主要进行效果图设计、样板设计、底跟设计、样板级放等。Shoemaster 是鞋类行业的 CAD/CAM 系统，具有 2D 和 3D 单独设计功能，也有开展鞋类整体设计的程序模块。Shoemaster 系列的 CAD/CAM 解决方案为鞋业行业提供必要的功能，可以缩减企业成本，提升产品品质，提高生产效率。

1. 软件概述

Shoemaster 是由总部位于意大利的 Torielli 公司和位于英国的子公司 CSM3D 公司共同开发的鞋类辅助设计/制造软体，通过不断完善，目前用户已超过 2200 名，被多个一级品牌鞋业所采用多年，包括 Bally magli（布鲁玛妮）、Chanel（香奈儿）、Giorgio armani（乔治·阿玛尼）、Prada（普拉达）、Diadora（迪亚多纳）、Sergiorossi（塞乔罗西）、Pancaldi（品高）、Lloyd（劳埃德）等，并且有 20 余家鞋类专业院校用之作为教学用途。

Shoemaster 鞋类专业软件共包括 7 个模块，分别是：Shoemaster Forma（鞋楦设计软件）、Shoemaster Creative（鞋样设计软件）、Shoemaster Power（三维开版级放软件）、Shoemaster Classic（二维开版级放软件）、Shoemaster Esprite（二维级放软件）、Shoemaster Interface（排料切割软件）、Shoemaster Spa（排料算料软件）。

2. Shoemaster 各模块功能介绍

（1）Shoemaster Forma

主要是进行鞋楦设计的软件（模块），可以为刻楦机建立电子鞋楦档案和母楦。

（2）Shoemaster Creative

主要是进行鞋样设计的软件（模块），能够读取电子鞋楦（有的软件中叫数字化鞋楦），可以进行三维造型设计、大底跟型设计、材质套用、颜色搭配等，完成鞋的拟真效果图。

（3）Shoemaster Power

主要是进行三维开板级放的软件（模块），能够读取由 Shoemaster Creative 制作的鞋拟真档案（效果图），进行三维转二维的展平、曲跷处理及拆帮取片。同时可以为样板添加各类标记、文字、折边位、搭位（压茬）及合缝位等，快速完成鞋面样板级放生产（样板扩缩）。

（4）Shoemaster Classic

主要是进行二维开板级放的软件（模块）。通过平面数字化仪（又称二维图形输入仪），输入由手工制作的展平板（样板），进行曲跷处理、拆帮取片以及添加标记、文字、折边位、搭位及合缝位等，进而完成鞋面样板级放生产。

（5）Shoemaster Esprite

主要是二维级放的软件（模块）。通过平面数字化仪输入手工制作的组合半面板，在二维级放软件里拆帮取片，加上各类标记、文字、折边位、搭位及合缝位，最后完成级放生产纸板。

（6）Shoemaster Interface

主要是排料切割的软件（模块）。能够连接样板切割机或者输出档案至真皮切割机，真正实现无刀模生产。

（7）Shoemaster Spa

主要是排料算料的软件（模块）。以最优化的方式对电脑样片计算用量。

第三部分

鞋类设计模拟考核解析

第九章　理论知识模拟考核解析

本章导学：

本章以高级鞋类设计师理论知识考核试题为例，将鞋类设计师考核相关知识按照填空题、选择题、名词解释、简答题、综合题、实践题等题型进行模拟。一般情况下，根据考核相关要求，进行试题抽取组合，考核时间为90min。

第一节　主观题模拟考核解析

一、填空题部分

填空题是对鞋类设计师的常规理论知识的考核，主要考查鞋类设计师对知识内容掌握的准确性、具体性。具体试题及参考答案如下所示。

说明：以下各题文字下方带有"—"的部分为主要考点。

1. 楦底样长与脚长的关系用公式表示：楦底样长＝脚长+放余量−后容差。

2. 女鞋后跷每抬高10mm前跷降低 1 mm ，男鞋后跷每抬高 5 mm前跷降低1mm。

3. 按照制鞋工艺，皮鞋可分为胶粘鞋、线缝鞋、硫化鞋、注塑鞋、模压鞋五类。

4. 设计构思包括：①确定设计的款式；②选择合适的楦型；③协调搭配帮底部件；④制定工艺加工要求；⑤确定用料定额。

5. 鞋楦按制楦材料可分为木楦、塑料楦、铝楦。

6. 楦体上的点分为三种，位于楦底轴线上的点称为部位点；位于楦底边沿线上的点称为边沿点；位于楦体背中线、统口线和后弧线上的点称为标志点。

7. 曲跷处理的基本方法有升跷、降跷、补跷、平跷共四种。

8. 低腰皮鞋展平面基本控制线共有六条，它们分别是：前帮控制线、腰怀控制线、腰帮控制线、后帮上口控制线、外怀帮高控制线、后帮中缝高控制线。

9. 脚的关节组成包括五个关节，分别是：踝关节、跗骨关节、跗跖关节、跖趾关节、趾关节。

10. 脚长规律包括：脚长的性别差异、脚长的职业差异、脚长的地区差异、脚长的分布情况、脚长与脚长向各特征部位关系共五个方面。

11. 成人各种皮鞋楦的前掌凸度一般控制在 5~7mm ，踵心凸度控制在 3~4mm 为宜。

12. 常见男式皮鞋楦后容差的数据是 5 mm；常见女式皮鞋楦后容差的数据是4.5mm。

13. 根据皮凉鞋的结构不同一般分为六种结构形式：满帮式、前空后满式、前后空中满式、前满后空式、全空式和前后满中空式。

14. 鞋类设计主要包含帮样设计、底形设计、鞋楦设计三个方面的内容。

15. 中国鞋号是以脚长为基础确定编码的。

16. 按照不同的鞋帮式样口门类型可以分为：明口门、暗口门、特殊口门三种。

17. 脚的骨骼由跗骨、跖骨、趾骨三部分组成，共有 26 块骨骼。

18. 脚长与跖围之间的关系可以用公式：跖围＝系数×脚长＋脚的变化量来表示。

19. 楦体由楦底、楦面、统口三部分组成，楦底前端点与统口前端点之间的连线叫作背中线。

20. 楦体上的点有部位点、标志点、边沿点三类，其中背中线和统口线上的点是标志点。

21. 耳式鞋是一种常见的款式，根据鞋耳的结构不同可将其分为外耳式、内耳式，根据鞋耳的形状不同又有直耳、圆耳、方耳、尖耳四种常见的耳形。

22. "四点平"是指鞋楦第一跖趾、第五跖趾、外踵心、内踵心这四个部位点要在同一个水平面上。

23. 号是楦、脚、鞋的长度标志，型是楦、脚、鞋的肥度标志，型是以跖围长度为基础制定的。

24. 皮鞋作为一种工业产品，它包含 3 个基本要素，分别是物质功能、艺术造型、物质技术条件。

25. 常用的鞋用革有猪革、牛革和羊革三种。

26. 鞋帮设计的一般过程包括：①楦型的选择；②选取设计点；③设计部件轮廓；④制取帮样板；⑤样板扩缩。

27. 法国鞋号（法码）是世界上应用最广的鞋号之一，它采用的是楦底样长的厘米制。其长度号差是 2/3cm，相当于 6.67mm。

28. 男子 250 号（二型半）脚跖围是 243mm，脚跗围 243mm；女子 230 号（二型）脚跖围是 225.5mm，脚跗围 225.5mm。

29. 脚的骨块相互连接成弓状结构称为脚弓，沿纵向的称为纵弓，沿横向的称为横弓。

30. 脚型是指脚的形态和构造。人体下肢由大腿、小腿和脚三部分组成。

二、选择题部分

选择题是对鞋类领域广泛性知识的考核，主要考查鞋类设计师对鞋类技术知识的了解是否广泛、全面。具体试题及参考答案如下：

说明：以下各题括号内为参考答案，各题目下方所列为题干选项。

1. 设计内底、半内底、外底、鞋垫等部件样板的依据是（B）。

A. 楦侧面板　　　　　B. 楦底样板　　　　　C. 中底样板

2. 前后空凉鞋楦的楦底样长（B）同型号素头楦。

A. ＞　　　　　　　　B. ＜　　　　　　　　C. ＝

3. 成年男子鞋楦的后容差为（B），成年女子鞋楦的后容差为（D）。

A. 3mm　　　　　　B. 5mm　　　　　　C. 4mm　　　　　　D. 4.5mm

4. 在样板扩缩中，按中国鞋号，半个号的底样等差为（A）。

A. 5mm　　　　　　B. 4mm　　　　　　C. 4.5mm　　　　　　D. 3mm

5. 黄牛皮、牦牛皮、水牛皮的质量优劣顺序为（A）。

A. 黄牛皮、牦牛皮、水牛皮　　　　　　B. 黄牛皮、水牛皮、牦牛皮

C. 牦牛皮、黄牛皮、水牛皮　　　　　　D. 水牛皮、牦牛皮、黄牛皮

6. 鞋底花纹最大的功能是什么（ B ）。

A. 美观　　　　　　B. 防滑　　　　　　C. 节约材料

7. 鞋行业中样板师属于（ A ）。

A. 技术人才　　　　B. 设计人才　　　　C. 管理人才

8. 颜料的三原色是指（ D ）。

A. 红、绿、蓝　　　B. 红、黄、绿　　　C. 红、绿、紫　　　D. 红、蓝、黄

9. 以下哪种牲畜的臀部有两块椭圆形皮，俗称"股子皮"（ C ）。

A. 驴　　　　　　　B. 牛　　　　　　　C. 马　　　　　　　D. 猪

10. 鞋底受折最频繁的部位是（ B ）。

A. 拇指、掌心部位　　　　　　　　　　B. 第一、第五跖趾部位

C. 腰窝部位　　　　　　　　　　　　　D. 后跟部位

11. 我国脚型测量，是在什么姿势下进行的（ A ）。

A. 站立　　　　　　B. 坐立　　　　　　C. 躺着

12. 在牛面革各部位中，抗拉强度最大的部位是（ A ）。

A. 背臀部　　　　　B. 颈肩部　　　　　C. 腹肷部

13. 有一位设计师获知葡萄在美国市场上不仅是受到欢迎的水果还是吉祥的象征，他便在工业产品的造型设计中装饰了葡萄的图案，此产品的销售很好，这说明了（ C ）的重要性。

A. 工艺　　　　　　B. 材料　　　　　　C. 市场信息　　　　D. 消费群体

14. 最佳的鞋跟高度为（ A ）。

A. 20～30mm　　　B. 10～20mm　　　C. 30～40mm　　　D. 40～50mm

15. 中国鞋号是以（ B ）为基础制定的。

A. 楦底长　　　　　B. 脚长　　　　　　C. 跖围长度　　　　D. 跗围长度

16. 法国鞋号的肥瘦型差为（ A ）。

A. 5mm　　　　　　B. 7mm　　　　　　C. 3.5mm　　　　　D. 8.46mm

17. 美国鞋号的长度等差为：（ D ）。

A. 5mm　　　　　　B. 7mm　　　　　　C. 3.5mm　　　　　D. 8.46mm

18. 时装鞋属于（ B ）。

A. 军用鞋　　　　　B. 民用鞋　　　　　C. 劳保鞋　　　　　D. 文体鞋

19. 男鞋跟高为25～35mm时，其为（ B ）。

A. 平跟鞋　　　　　B. 中跟鞋　　　　　C. 高跟鞋　　　　　D. 特高跟鞋

20. 以下哪一种畸形脚在站立或者行走时，常感到疼痛，易于疲劳（ A ）。

A. 平足　　　　　　B. 高弓脚　　　　　C. 老茧　　　　　　D. 弓趾脚

三、名词解释部分

名词解释是对鞋类设计师理论素质的考核，主要考查鞋类设计师对鞋类行业内各类技术语言的掌握情况。具体试题及参考答案如下所示。

说明：以下各题目中"："以后部分为参考答案。

1. 楦全长：指楦体前端点与楦后跟凸点的直线长度。

2. 放余量：为了保证脚在鞋内有一定的活动余地，使鞋不致顶脚，同时为了使皮鞋

有不同的头式，脚趾前端点距楦底前端点之间应加一定的余度，这个余度就叫放余量。

3. 自然跷：指楦面展平或展平面复原的过程中背中线上出现的跷。

4. 三点一线：三点指的是楦底前端点、楦底后端点和统口后端点，使这三点处于同一个平面内的封闭曲线就是"三点一线"。

5. 楦斜长：指楦底的前端点到统口后端点及楦底后端点之间的楦面曲线长度。

6. 后容差：人脚后跟有一定的凸度，为了使鞋跟脚，则要求各种鞋楦后跟也应该有适当的凸度，鞋楦后跟的这个凸度就是后容差。

7. 边沿点：指楦底边沿线上与各部位点相对应的点。

8. 口门：指鞋帮式样中穿脱鞋时打开、关闭的部位。

9. 楦底样长：指楦前后端点的曲线长度。

10. 基本控制线：以脚型规律为基础，根据皮鞋帮样设计的通用性，选取一些有代表性的标志点和边沿点，将其以直线连接，构成皮鞋帮样的基本框架。

第二节　客观题模拟考核解析

一、简答题部分

简答题是对鞋类常规理论知识与应用技能相结合的考核，主要考查鞋类设计师对知识技能的解释与应用能力。具体试题及参考答案如下所示。

说明：以下各题目中"答："以后部分为参考答案。

1. 后帮设计尺寸与成鞋尺寸的实际关系是什么？

答：成鞋后帮在力的作用下产生弹性塑变，使定位点发生位移，成鞋后部由帮面、外底、衬里、主跟、内底、半内底、勾心等部件构成，材料厚度增大使成鞋的尺寸大于贴楦的定位尺寸。

2. 分别标示出下图所示测量部位的名称。

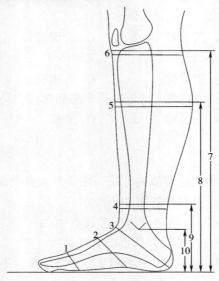

答：（1）跖趾围长；（2）跗骨围长；（3）兜围长；（4）脚腕围长；（5）腿肚围长；（6）膝下围长；（7）膝下高度；（8）腿肚高度；（9）脚腕高度；（10）外踝骨高度。

3. 楦体内、外怀的特征有哪些？

答：（1）楦面底边沿线附近，内怀中部弯曲度特别大，外怀中部几乎接近于缓坡曲线，没有大的凹形曲面。

（2）整个楦面上，内怀竖直方向的曲面所占比例比外怀要大得多。

（3）由前往后，内怀楦面在纵向上没有明显的凹槽曲面，但是外怀楦面中部在纵向上则有明显的凹槽形曲面。

4. 说出常见的皮鞋设计方法及其特点。

答：设计方法有立体设计、平面设计和计算机辅助设计三种。立体设计以贴楦设计最具代表性，准确度高，易于学习掌握；平面设计以三角逼近法和复样法为代表，准确性较立体设计差，经验性强；计算机辅助设计是皮鞋行业的新兴技术，具有广阔的前景，还有待于进一步的开发和完善。

5. 根据皮鞋款式选择鞋楦应注意哪几点？

答：（1）选择鞋楦头式；（2）选择鞋楦的后跷高度；（3）选择鞋楦的跖围大小；（4）选择鞋楦前跗面的宽窄；（5）选择鞋楦前脸长度；（6）选择鞋楦跗背的高低；（7）选用中号鞋楦设计。

6. 用列表的形式表示出男、女鞋后跟高的分档。

答：

男、女鞋后跟高的分档

跟高	平跟	中跟	高跟
男	20mm 以下	25～35mm	40mm 以上
女	25mm 以下	30～50mm	55～75mm

7. 楦底前掌凸度是根据什么设计的？前掌凸度过大对穿着有什么影响？

答：前掌凸度是根据人脚脚掌底部在运动中的形态以及受力状况设计的。前掌凸度不可过大，如果前掌凸度设计过大，加之内、外底刚性过强，当人脚受力过重或处于疲劳状态时，容易引起脚的横弓塌陷甚至引起纵弓塌陷。长此以往就形成脚的后天性平足。

8. 鞋靴帮面样板主要包括哪些样板？

答：半面板（楦侧面板）、做帮样板、划料样板和鞋里样板。另外有些鞋款还需要制作出组合样板、衬布样板。

二、综合题部分

综合题是对鞋类设计领域综合理论的考核，主要考查鞋类设计师对鞋类知识综合分析及解决具体问题的能力。具体试题及参考答案如下所示。

说明：以下各题目中"答："以后部分为参考答案。

1. 简要说明鞋楦的长度大于实际脚长的原因。

答：（1）脚的长度会因气候温度和从事劳动强度的不同而有所变化。由于气候冷热所引起的脚长变化一般是 3~5mm。由于人脚是一个松软并富有弹性的有机体，人们从事体力劳动时，足弓韧带会被拉长，引起脚纵弓下塌，脚的长度也会因此而有所增加，这个增加量一般是 3~5mm。

（2）人在行走时，脚在鞋子里面需要有一定的活动余地，因为这时脚在鞋腔里要做弯曲、伸长活动，且脚的弯曲半径小于鞋底的弯曲半径，这个量一般是 5~8mm。

（3）由于鞋的各种式样的不同需要，尤其是皮鞋的头式多变，鞋的头部往往要有一定的加放长度。通常是鞋的头式越尖，鞋楦增加的长度就越多；反之，鞋楦增加的长度就越少。

2. 绷帮后，脚背处是中开缝式的简靴楦头帮脚处的帮脚余量远远小于事先加放的帮脚余量，且跖趾部位出现不伏楦现象。分析其原因并给出解决方案。

答：（1）产生原因判断

在展平半面板时，跗背位置处由于皱褶量较多，导致此处围度变小，使鞋帮难以套入到鞋楦的合适位置，跖趾部位就会出现不伏楦现象，绷帮后的帮脚余量就会小于事先加放的帮脚余量。

（2）解决方案

在鞋楦侧面板或者简靴模板的跗背位置处适当放出 1.5mm 左右，使鞋帮顺畅地套入到鞋楦的合适位置。若放量较多，整个鞋帮则会下滑，导致绷帮后的帮脚余量远远大于事先加放的帮脚余量。

3. 在帮面样板曲跷处理中，一般采用补跷方法，结合楦体说明其合理性。

答：（1）在贴楦展平过程当中，也就是说从楦体的曲面到平面的转换过程中，由于底边沿线的皱褶较多，无形中缩短了前帮部位的底边沿长度。

（2）皮鞋的成型加工过程又是一个从平面到曲面的再转换过程，对前步操作使底边沿线变短的量要人为地弥补，否则就很难达到平面到曲面的完美转化。

（3）补跷的量并不是完全补出所差的量，要从材料的延伸性、加工工艺等综合因素考虑。

4. 论述楦体前跷和后跷的关系。

答：（1）楦体前端点在基础坐标跷起的高度叫前跷高，楦体后端点在基础坐标跷起的高度叫后跷高。根据脚的生理构造，前后跷的轴心在脚的前掌凸度部位。

（2）在楦体一定的情况下，前跷降低，后跷必然抬高，楦体前后跷之间近似杠杆原理。

（3）实际情况是杠杆的支撑点随着前后跷的变化会发生移动，当前跷降低时，后跷升高，支撑点会向前移动，反之会向后移动。

三、实践题

实践题是对鞋类设计师的常规设计能力的考核，主要考查鞋类设计师根据设计元素或指定款式进行创意实用设计。

说明：由于本模拟考核为实践内容，参考答案略。

1. 结合当前市场流行趋势，自己设计一款女式高筒靴（带有葫芦头的款式），按适当比例画出效果图，并从材料、颜色、款式及工艺四个方面说明自己的设计理念。

2. 结合当前市场流行趋势，自己设计一款男式休闲鞋，按适当比例画出效果图，并从材料、颜色、款式及工艺四个方面说明自己的设计理念。

第十章　造型设计模拟考核解析

本章导学：

本章以鞋类造型基础考核试题为例，将鞋类设计师造型设计能力按照女鞋造型设计和男鞋造型设计考核进行模拟。一般情况下，根据考核相关要求，进行单一款式考核样题抽取，考核时间为 90min。

第一节　女鞋造型设计考核解析

一、高跟女鞋造型设计考核解析

高跟女鞋造型设计是对设计师造型创新能力的考核，重点考查鞋类设计师对楦型、跟型的把握以及造型创新的表现能力。

考核样题如下：

1. 考试形式

平面效果图。

2. 考试内容

款式造型、款式设计。

3. 考试要求

（1）根据款式参考图样进行款式造型，要求严格按照所提供的款式比例、结构进行造型，在 A4 纸张上绘制 1 款，并进行深入的素描表现。

（2）根据款式参考图样进行系列款式设计，要求严格按照所提供款式的特点，进行同楦同底的系列款式 8 款设计，在 A4 纸张上绘制 4 款，并进行勾线配色。

4. 参考图样

5. 评分标准

评价项目	配 分		评价内容	评分标准
完整	10	10	画面完整度	优秀（10~9）、良好（8~7）、中等（6）、合格（5）、不合格（5~0）
比例	20	20	比例准确	优秀（20~18）、良好（17~16）、中等（15~14）、及格（13~12）、不及格（11~0）
线条	20	20	流畅有力量	优秀（20~18）、良好（17~16）、中等（15~14）、及格（13~12）、不及格（11~0）
设计	50	20	时尚新颖	优秀（20~18）、良好（17~16）、中等（15~14）、及格（13~12）、不及格（11~0）
		10	面料表现	优秀（10~9）、良好（8~7）、中等（6）、合格（5）、不合格（5~0）
		10	工艺表现	优秀（10~9）、良好（8~7）、中等（6）、合格（5）、不合格（5~0）
		10	配色效果	优秀（10~9）、良好（8~7）、中等（6）、合格（5）、不合格（5~0）

二、休闲女鞋造型设计考核解析

休闲女鞋造型设计是对设计师质感表现能力的考核，重点考查鞋类设计师对结构、材质的把握以及色彩搭配的表现能力。

考核样题如下：

1. 考试形式

平面效果图。

2. 考试内容

款式造型、款式设计。

3. 考试要求

（1）根据款式参考图样进行款式造型，要求严格按照所提供的款式比例、结构进行造型，在 A4 纸张上绘制 1 款，并进行深入素描表现。

（2）根据款式参考图样进行系列款式设计，要求严格按照所提供款式的特点，进行同楦同底的系列款式 8 款设计，在 A4 纸张上绘制 4 款，并进行勾线配色。

4. 参考图样

5. 评分标准

同高跟女鞋造型设计评分标准。

三、女凉鞋造型设计考核解析

女凉鞋造型设计是对设计师线条综合表现能力的考核，重点考查鞋类设计师对线条、比例的把握以及鞋底整体的表现能力。

考核样题如下：

1. 考试形式

平面效果图。

2. 考试内容

款式造型、款式设计。

3. 考试要求

（1）根据款式参考图样进行款式造型，要求严格按照所提供的款式比例、结构进行造型，在 A4 纸张上绘制 1 款，并进行深入素描表现。

（2）根据款式参考图样进行系列款式设计，要求严格按照所提供款式的特点，进行同楦同底的系列款式 8 款设计，在 A4 纸张上绘制 4 款，并进行勾线配色。

4. 参考图样

5. 评分标准

同高跟女鞋造型设计评分标准。

第二节 男鞋造型设计考核解析

一、正装男鞋造型设计考核解析

正装男鞋造型设计是对设计师典型款式表现能力的考核，重点考查鞋类设计师对比例、花式的把握以及造型细节的表现能力。

考核样题如下：

1. 考试形式

平面效果图。

2. 考试内容

款式造型、款式设计。

3. 考试要求

（1）根据款式参考图样进行款式造型，要求严格按照所提供的款式比例、结构进行造型，在 A4 纸张上绘制 1 款，并进行深入素描表现。

（2）根据款式参考图样进行系列款式设计，要求严格按照所提供款式的特点，进行同楦同底的系列款式 8 款设计，在 A4 纸张上绘制 4 款，并进行勾线配色。

4. 参考图样

5. 评分标准

评价项目	配 分		评价内容	评分标准
完整	10	10	画面完整度	优秀（10~9）、良好（8~7）、中等（6）、合格（5）、不合格（5~0）
比例	20	20	比例准确	优秀（20~18）、良好（17~16）、中等（15~14）、及格（13~12）、不及格（11~0）
线条	20	20	流畅有力量	优秀（20~18）、良好（17~16）、中等（15~14）、及格（13~12）、不及格（11~0）
设计	50	20	时尚新颖	优秀（20~18）、良好（17~16）、中等（15~14）、及格（13~12）、不及格（11~0）
		10	面料表现	优秀（10~9）、良好（8~7）、中等（6）、合格（5）、不合格（5~0）
		10	工艺表现	优秀（10~9）、良好（8~7）、中等（6）、合格（5）、不合格（5~0）
		10	配色效果	优秀（10~9）、良好（8~7）、中等（6）、合格（5）、不合格（5~0）

二、休闲男鞋造型设计考核解析

休闲男鞋造型设计是对设计师立体感表现能力的考核，重点考查鞋类设计师对高光、投影的把握以及款式展示角度的表现能力。

考核样题如下：

1. 考试形式

平面效果图。

2. 考试内容

款式造型、款式设计。

3. 考试要求

（1）根据款式参考图样进行款式造型，要求严格按照所提供的款式比例、结构进行造型，在 A4 纸张上绘制 1 款，并进行深入的素描表现。

（2）根据款式参考图样进行系列款式设计，要求严格按照所提供款式的特点，进行同楦同底的系列款式 8 款设计，在 A4 纸张上绘制 4 款，并进行勾线配色。

4. 参考图样

5. 评分标准
同正装男鞋造型设计评分标准。

第十一章 结构设计模拟考核解析

本章导学:

本章以高级鞋类设计师技能考核试题为例,将高级鞋类设计师结构设计能力按照女鞋结构设计和男鞋结构设计考核进行模拟。一般情况下,根据考核相关要求,进行单一结构考核样题抽取。

第一节 女鞋结构设计考核解析

根据提供的女鞋款式结构图,进行现场样板制作,并使用该样板完成成鞋制作。本节内容是以高级鞋类设计师技能考核内容为依据,将结构设计与成鞋制作合并考核,也可根据需要,选择单一部分进行考核,如结构设计或成鞋制作。样题如下:

女鞋款结构图如图1、图2所示。

图1   图2

一、考核要求

1. 根据图片分析鞋款结构和所采用的工艺,在6.5h内完成样板制作和工艺制作(注:在校学生时间为7h)。

2. 需要上交的作品:半面板,做帮样板,划料样板,里样板,主跟样板,内包头样板,成品鞋(一只)。

3. 评分要点:样板清洁,边缘光滑,线条流畅,区分内外怀,且在做帮样板上标示出标志点和标志线等。

4. 成鞋制作工序正确,缝线、绷帮、合底、脱楦、装跟等均符合工艺要求。

二、评分标准

评价项目	配分		评价内容	评分标准
设计或仿板	25	25	能准确地进行款式结构设计,并且符合脚型规律或与所提供的参考鞋基本一致	优秀（25.0~23.0） 良好（23.0~17.0） 合格（17.0~15.0） 不合格（14.0~0）
结构	35	4	整体造型比例协调	优秀（4.0~3.5） 良好（3.0~2.5） 合格（2.5） 不合格（2.0~0）
		4	里样结构合理	优秀（4.0~3.5） 良好（3.0~2.5） 合格（2.5） 不合格（2.0~0）
		4	合理套划 、节省材料	优秀（4.0~3.5） 良好（3.0~2.5） 合格（2.5） 不合格（2.0~0）
		4	线条优美	优秀（4.0~3.5） 良好（3.0~2.5） 合格（2.5） 不合格（2.0~0）
		4	分怀处理	优秀（4.0~3.5） 良好（3.0~2.5） 合格（2.5） 不合格（2.0~0）
		3	打出牙剪、定针点	优秀（3.0~2.5） 良好（2.0~1.5） 合格（1.5） 不合格（1.0~0）
		4	标出楦号、名称、尺码	优秀（4.0~3.5） 良好（3.0~2.5） 合格（2.5） 不合格（2.0~0）
		4	加工余量放量合理	优秀（4.0~3.5） 良好（3.0~2.5） 合格（2.5） 不合格（2.0~0）
		4	样板各部位平整搭接	优秀（4.0~3.5） 良好（3.0~2.5） 合格（2.5） 不合格（2.0~0）
曲跷	15	15	曲跷合理	优秀（15~13） 良好（13~11） 合格（11~9） 不合格（8.0~0）
剪刀或刻刀能力	15	5	较平坦处边缘的流畅性	优秀（5.0~4.5） 良好（4.0~3.0） 合格（3.0） 不合格（2.0~0）
		10	较弯处边缘的流畅性	优秀（10.0~8.0） 良好（8.0~5.0） 合格（5.0~2.0） 不合格（2.0~0）
综合素质	10	5	姿势端正	优秀（5.0 ~4.5） 良好（4.0~3.0） 合格（3.0） 不合格（2.0~0）
		5	动作娴熟	优秀（5.0~4.5） 良好（4.0~3.0） 合格（3.0） 不合格（2.0~0）

第二节　男鞋结构设计考核解析

根据提供的男鞋款式结构图，进行现场样板制作，并使用该样板完成成鞋制作。本节内容是以高级鞋类设计师技能考核内容为依据，将结构设计与成鞋制作合并考核，也可根据需要，选择单一部分进行考核，如结构设计或成鞋制作。样题如下：

男鞋款结构图如图1、图2、图3所示。

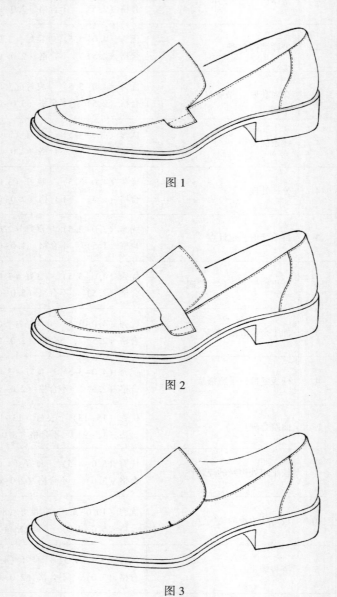

图1

图2

图3

一、考核要求

1. 根据图片分析鞋款结构和所采用的工艺，在 6.5h 内完成样板制作和工艺制作（注：在校学生时间为 7h）。

2. 需要上交的作品：半面板，做帮样板，划料样板，里样板，主跟样板，内包头样板，成品鞋（一只）。

3. 评分要点：样板清洁，边缘光滑，线条流畅，区分内外怀，且在做帮样板上标示出标志点和标志线等位置。

4. 成鞋制作工序正确，缝线、绷帮、合底、脱楦、装跟等均符合工艺要求。

二、评分标准

同女鞋结构设计。

第十二章　工艺设计模拟考核解析

本章导学:

本章是以皮鞋制作工艺考核为例进行的工艺流程和技术要求讲解,通过对浅口时装女单鞋制作工艺模拟工作和男鞋制作工艺模拟工作的工艺要求、制作流程等内容的解析,学生能够掌握常见男、女皮鞋的制作方法并进行实践操作。本章重点讲解帮工艺制作及成型工艺流程。

第一节　女鞋制作工艺模拟考核解析

本节为浅口时装女单鞋制作工艺模拟考核解析,帮面材料为合成革,鞋底为组合底,采用机械化的流水线作业方式,本款鞋的讲解主要分为两大部分,包括浅口鞋的帮面制作流程和帮底组合流程两部分。

一、浅口时装女单鞋工艺要求

1. 裁断要求

①在裁断作业时必须将刀模摆放正确,所有部件摆放按照纵向方向排列。

②刀模放置要遵循省料的原则。

③面料采用4层叠裁的方式,防止部件移动而影响部件的大小。

④里料为PU革,采用6层叠裁的方式,因为里料厚度较薄,因此可以提高生产效率。

⑤面料和里料铺料时采用正面相对,也就是上下上下的方式,这样可以一刀同时下裁左右脚部件,提高生产效率。

2. 底料要求

①鞋垫与海绵贴合不可起皱。

②中底边缘轻轻打磨,组合后整个大底不可摇晃、扭曲变形。

③中底后跟部分要预先包边,防止浅口鞋中底边缘外露影响美观。

④鞋底为组合底,装跟要求装跟钉长度达到40mm。

3. 针车要求

①后帮合缝处需要加缝纺织布。

②前帮、中帮贴衬距帮脚3~4mm。

③鞋口折边需要放保险条,须圆顺饱满。

④后套里贴合处须刷胶贴死。

⑤鞋头、后帮不可歪斜,鞋身内外间距一致。

⑥鞋口边距1.2mm,合缝边距1.5mm。

⑦针距为 4.5 针/cm。

4. 成型要求

①绷帮时用 QA1000 楦，本号生产。

②绷帮时鞋帮处要平顺，内外怀要对齐，后帮合缝要对正。

③尖头鞋鞋头帮脚褶皱要砂磨平整，防止贴底不严密。

④中底绷帮中点须对正，鞋头从切刀处只绷内里。

⑤画子口线须画正，不可有歪斜；按打磨位置刷胶，不可有溢、欠胶现象。

⑥贴底要贴正，大底边缘须平顺，不可有波浪状，大底不得有左右摇晃现象，并注意清洁度。

⑦定型不可歪斜，鞋口不能外翻，定型须到位。

二、浅口时装女单鞋制帮流程

序号	操作名称	工具设备、材料	工艺要求
1	裁断	平面裁断机	面料采用 4 层叠裁，里料采用 6 层叠裁
2	内怀后帮与前帮合缝	单针罗拉缝纫机	线型：30#；针号：12 号针；针型：剑尾针；针距：5 针/cm；边距：1.5mm
3	合缝处贴保险带	汽油胶、保险带	胶水采用汽油胶，合缝处刷胶要干透
4	鞋口折边	锤子、保险条	鞋口要放保险条，保险条位置放在折边处
5	粘贴衬布	白胶、衬布	衬布厚度要
6	后跟处合缝	单针罗拉缝纫机	线型：30#；针号：12 号针；针型：剑尾针；针距：5 针/cm；边距：1.5mm
7	缝合里皮	单针罗拉缝纫机	线型：30#；针号：12 号针；针型：剑尾针；针距：4 针/cm；边距：1.3mm
8	面、里皮刷胶	汽油胶	帮面及鞋口里皮刷胶，汽油胶要晾干
9	粘贴里皮		后跟合缝处要对正，里皮要粘贴平整
10	缝合鞋口里皮	单针罗拉缝纫机	线型：30#；针号：12 号针；针型：剑尾针；针距：4.5 针/cm；边距：1.2mm
11	修剪里皮	剪刀	里皮要修平顺、干净
12	品检		鞋帮线条光滑流程、内里平整，后跟无歪斜

三、浅口时装女单鞋制帮关键操作步骤

（1）工序一　裁断

操作说明：面料和里料裁断，注意裁断方向所有部件为纵向也就是鞋的长度方向抗拉。

（2）工序二　内怀后帮与前帮合缝

操作说明：前帮与后帮内怀处合缝，注意鞋口边缘要对齐。

（3）工序三　合缝处贴保险带

操作说明：①合缝处刷汽油胶，晾干后在后跟压条机上压贴不织布保险带，直接手工粘贴，用锤子敲平也可。

②鞋口刷汽油胶准备折边。

（4）工序四　鞋口折边

操作说明：①胶水达到指触干后粘贴保险条，注意保险条位置在原折边线处。

②鞋口折边，注意线条流畅，鞋口拐弯处注意打剪口，剪口不能外露，后跟合缝处不折边，准备合缝，如图1所示。

（5）工序五　粘贴衬布

操作说明：中帮在包头及中帮部位位置粘贴补强定型衬布，增加成鞋的定型效果。注意粘贴衬布时事先要刷汽油胶，待晾干才可粘贴。

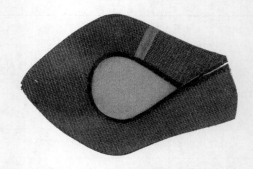

图1　鞋口折边实物

（6）工序六　后跟处合缝

操作说明：①后帮合缝。

②粘贴保险带，注意后跟弧度美观。

③后跟鞋口处折边，保证鞋口线条流畅。

（7）工序七　缝合里皮

操作说明：将里皮缝合，采用后跟里皮压前帮里皮的方法。

（8）工序八　面、里皮刷胶

操作说明：面部和里皮刷胶，注意只在面部和里皮的反面而且是鞋口处刷汽油胶，胶水要刷匀，而且要刷到位，待胶水自然晾干。

（9）工序九　粘贴里皮

操作说明：面里粘贴，注意合缝处及前帮中点处要对正，面里粘贴平整，无歪斜。

（10）工序十　缝合鞋口里皮

操作说明：鞋口缝线，从内怀靠后鞋口位置开始缝线，以免影响美观，注意线条要流畅，不能歪斜，不能有浮线、断线等。

（11）工序十一　修剪鞋口里皮

操作说明，沿鞋口缝线将里皮修剪干净。

制帮实物如图 2 所示。

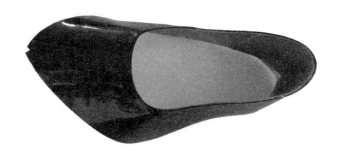

图 2

四、浅口时装女单鞋成型流程

序号	操作名称	机器设备及其他	操作条件	工艺要求
13	中底包边	包边条、白胶		边缘要平整
14	钉中底	腰帮钳		前、中、后三颗钉
15	主跟、包头回软	包头机、包头水	回软时间 3～5s	主跟、包头要晾干
16	装主跟、包头	汽油胶或白胶		装前装后都要刷汽油胶，要粘牢
17	绷前帮	前帮机		预先在帮脚与中底边缘处刷白胶
18	调整前帮	腰帮钳		
19	绷中帮	腰帮钳		注意中帮鞋口不能外翻
20	绷后帮	后帮机		注意后跟高度要标准
21	磨鞋头	磨底机		注意不要砂磨出子口线
22	加硫	加硫箱	温度：90～100℃，时间：15min	将加硫箱温度调好，再把半成品鞋放入加硫箱，加硫后将半成品鞋取下
23	洗大底	小毛刷、处理剂		注意药水不能刷出子口线，经验不足者要预先画子口线
24	烘箱干燥	烘箱，输送带	温度：60～70℃，时间：2～3min	先把烘箱温度调好，再进行作业
25	面、底刷一次胶	牙刷、树脂胶		用刷子蘸适量的黏合剂沿大底边墙往中间刷胶，要均匀到位；鞋面按照打磨的位置进行刷胶
26	烘箱干燥	烘箱，输送带	温度：60～70℃，时间：4～5min	先把烘箱温度调好，再进行作业

续表

序号	操作名称	机器设备及其他	操作条件	工艺要求
27	贴底			鞋面大底需同号、同脚，按刷胶位置贴，先贴楦头再贴后跟，然后调整内外怀，大底要贴平顺
28	压合	前、后侧上下压机	压力：30kg，时间：10s	将贴好底的鞋子放入调好的压底机内，鞋子放正再进行压合
29	除胶、补胶	针筒		将压好的鞋子周边除胶，把贴底后外露的黏合剂除掉
30	冷冻	冷定型机	温度：-6~-5℃，时间15min	将除好胶的鞋子放进调试好的冷冻箱进行冷冻，然后取出冷冻的鞋子
31	拔楦	拔楦钩		将解好鞋带的鞋子放到拔楦机上，配合拔楦机动作，左手握楦，右手拉鞋后帮，把楦拔掉
32	刷鞋垫胶与放鞋垫	刷子		用刷子蘸适量的黄胶在鞋内底与鞋垫上刷胶，要均匀到位，鞋垫与鞋子配双，再放入鞋子里，鞋垫要放到位，保持平顺，再压平
33	塞纸团			将纸团围成半圆形，塞入鞋子内，纸团要同楦型弧度，要塞到位
34	返修			对不良品进行返修，不可让不良品流入下道工序
35	品检			检验鞋子是否配双、配号、配色，鞋带穿得是否一致，宽窄是否一样
36	挂吊牌与贴内盒标			给客户提供的正确吊牌及标贴，按客户要求去贴，要贴正
37	洗大底	碎布		用碎布蘸适量的清洁水擦洗大底，要擦干净
38	剪线头			用小剪刀将有线头的地方剪干净，并用烘线机将鞋面剩下的线头烘平
39	品检			检查放入鞋子的内盒标贴号码是否相符，吊牌是否挂错脚，是否配双、同号
40	包装			将品检好的鞋子按照客户要求进行包装

注：浅口时装女单鞋成型作业具体内容可以参见鞋类工艺相关书籍，如《皮鞋工艺技术项目综合实训》。

女浅口鞋成型实物如图 3 所示。

图 3

第二节　男鞋制作工艺模拟考核解析

本节为精品外耳式男鞋制作工艺模拟考核解析，帮面材料为真皮材质，鞋底为真皮组合大底，制作采用手工作业方式，本款鞋的讲解主要分为两大部分，包括精品外耳式男鞋的帮面制作流程和绷帮流程两部分。本节将重点讲解精品真皮男鞋的帮面制作过程，部分简单的工序只有简单的文字说明。

一、精品外耳式男鞋工艺要求

1. 裁断要求

①采用手工裁断方法，所有部件摆放按照纵向方向排列，即帮部件按照鞋的长度方向不容易延伸。

②本款材料采用真皮，严格遵循真皮的套划原则进行划料。

③为了定型效果好，面料需要加贴衬布。

④面料与里料边缘均需片薄。

2. 针车要求

①部件缝合前必须进行黏合定位，注意跷贴，使用黄胶粘贴帮面部件。

②鞋眼需要加贴护耳片。

③采用暗脚暗鞋眼的方法安装鞋眼。

④前后帮搭接时需要将里皮在锁口位置打剪口，锁口线不能歪斜，要美观。

⑤线边距 1.2mm。

⑥针距为 4~5 针/cm。

3. 绷帮要求

①鞋带下和鞋耳下加塞白纸板，防止产生鞋带痕迹。

②因为材料较厚，要先粗绷后精绷，提高绷帮效果。

③绷帮后要捶型按摩。本款鞋帮面材料较厚，脚背转折处容易有褶皱产生，要用熨烫机进行熨烫按摩。

二、精品外耳式男鞋制帮流程

序号	操作名称	工具、设备、材料	工艺要求
1	裁断	水银笔与样板	采用手工划料的方式，注意套划严密、避开伤残、合理套划
2	片料	片料机	按照工艺标准进行片料
3	磨料	砂轮机	对里皮正面磨料，露出纤维为准
4	冲花	圆冲（1.0）、大理石垫板、锤子	严格按照定针孔进行冲孔
5	口舌与前帮缝合	单针罗拉缝纫机	前帮与口舌跷贴后缝线，线型：30#；针号：12号针；针型：剑尾针；针距：4.5针/cm；边距：1.2mm
6	粘贴衬布	衬布、汽油胶	注意衬布要有一定缩进量，不能外露
7	后帮拼缝	拼缝机	线型：30#；针号：12号针；针型：剑尾针；针距：4.5针/cm；边距：1.2mm
8	缝假线	单针罗拉缝纫机	线型：30#；针号：12号针；针型：剑尾针；针距：4.5针/cm；边距：1.2mm
9	后帮鞋口镶边	黄胶、镶边条	露出边距均匀、镶边条平整
10	缝合保险皮	单针罗拉缝纫机	线型：30#；针号：12号针；针型：剑尾针；针距：4.5针/cm；边距：1.2mm
11	粘贴护耳片	护耳片	等待粘贴里皮时再撕下保护纸
12	后帮里皮缝合	单针罗拉缝纫机	线型：30#；针号：12号针；针型：剑尾针；针距：4.5针/cm；边距：1.2mm
13	后帮面里粘贴	粉胶	按弧度对称粘贴，露出4mm边缘量
14	安装鞋眼	鞋眼、垫板、圆冲、花冲、塑料板、锤子	暗脚暗鞋眼方法安装，面料上看不到鞋眼，里皮正面看到的是鞋眼正面
15	缝合后帮鞋口线	单针罗拉缝纫机	线型：30#；针号：12号针；针型：剑尾针；针距：4.5针/cm；边距：1.2mm
16	前帮面里缝合	单针罗拉缝纫机	线型：30#；针号：12号针；针型：剑尾针；针距：4.5针/cm；边距：1.2mm

续表

序号	操作名称	工具、设备、材料	工艺要求
17	前后帮搭接缝合	单针罗拉缝纫机	线型：30#；针号：12 号针；针型：剑尾针；针距：4.5 针/cm；边距：1.2mm；注意锁口线的美观
18	品检		鞋帮线条光滑流程、内里平整，后跟无歪斜

三、精品外耳式男鞋制帮关键操作步骤

（1）工序一　裁断

操作说明：本款鞋为真皮材料的精品鞋，所以在划料时要特别注意遵循套划原则，而且避免使用边腹部皮料，如图 1 所示为后帮划料。

图 1

（2）工序二　片料

操作说明：本款鞋虽无折边工艺，但是本款面料和里料都比较厚，为了突出精品鞋的工艺精准感，使帮面更平整，将面料和里料进行片边，面料与里料边缘均需片薄。

（3）工序三　磨料

操作说明：对后跟里皮正面进行砂磨，将粒面砂粗，以便增加摩擦力，成鞋穿着容易跟脚。

（4）工序四　冲花

操作说明：用花冲对帮面进行冲花，反面刷黄胶，然后粘贴黑色薄面料，防止成鞋后在花孔位置露出白色衬布，影响帮面美观。

（5）工序五　口舌与前帮缝合

操作说明：①将口舌与前帮搭接位置刷黄胶后进行跷贴，严格按照定位线进行粘贴，粘贴后搭接位置有一个自然跷度产生。②缝合前帮与口舌，在搭接位置缝线。

（6）工序六　粘贴衬布

操作说明：①前帮与后帮帮面反面粘贴白色衬布，增加帮面的定型效果，刷汽油胶，胶水晾干后粘贴，粘贴后修剪衬布大小与帮面一样宽。

②衬布粘好后，包头位置再刷胶粘贴包头衬布。

③在口舌尾端两侧拐角处粘贴小块方型衬布，防止拐角处撕裂。

④在保险皮反面中间位置粘贴美纹纸，防止后帮中缝位置有棱印印出。

（7）工序七　后帮拼缝

操作说明：用拼缝机将后帮后弧线对接拼缝。

（8）工序八　缝假线

操作说明：用高台缝纫机缝后帮假线操作时按照标准线缝合，不能偏离。

（9）工序九　后帮镶边

操作说明：后帮面料鞋口采毛边工艺，为了美观及体现高档感，采用鞋口镶边工艺。

①鞋口粘贴保险条，为了鞋口定型效果，加贴保险条。

②鞋口刷黄胶，便于粘贴镶边条，黄胶相对于粉胶黏合强度比较高，所以对高档鞋生产中部件之间的黏合经常采用黄胶。

③镶边条反面刷黄胶，注意刷胶要刷匀、刷得薄，不能溢出镶边条边缘。

④粘贴镶边条，镶边条粘贴均匀，露出 1mm 为准，露出边距要保持一致、顺畅，反面拐弯处要做打褶或剪口处理，保证镶边条的平整。

（10）工序十　缝合保险皮

操作说明：①后帮拼缝处刷黄胶，注意刷胶宽度保证不能超出保险皮宽度。

②保险皮反面刷黄胶，注意刷胶要刷匀、刷到位。

③粘贴保险皮，粘贴时注意严格按照定位线粘贴，不能产生歪扭现象，同时注意保险皮的跷度。

④缝合保险皮，在保险皮两侧边缘缝线。

⑤将保险皮上口多余边缘折边、粘贴，最后敲平。

（11）工序十一　粘贴护耳片

操作说明：在鞋耳鞋眼位置刷胶，然后粘贴护耳片，如图 2 所示。

图 2

（12）工序十二　后帮里皮缝合

操作说明：为了提高缝合质量，本款鞋缝合里皮之前实现刷粉胶进行镶接定位。

①刷粉胶，注意刷胶后要晾干。

②将后帮里皮按照定位线进行粘贴定位。

③缝合后帮里皮，将后套里与中帮里内外怀片进行缝合。

（13）工序十三 后帮面里粘贴

操作说明：①首先在后帮鞋口反面和鞋里反面鞋口一圈刷胶。

②将面里进行黏合定位，注意黏合前胶水要晾干，黏合时从中点开始按照后帮弧度逐段黏合，黏合效果如图3所示，鞋口里皮超出帮面4mm。

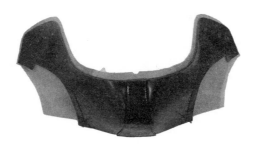

图 3

（14）工序十四 安装鞋眼

操作说明：本款精品鞋为了提高成鞋档次，采用暗脚暗鞋眼的方法安装鞋眼。

①用圆冲将面里鞋眼位置冲孔。

②将面里在鞋耳位置撕开，将鞋眼安装在里皮上，注意鞋眼开花一侧在面里之间。

③用开花冲将鞋眼开花并敲平，为了防止损伤帮面，冲鞋眼时帮面下面垫平滑塑料板。

④鞋眼装好后重新将面里进行粘贴。

（15）工序十五 后帮鞋口缝线

操作说明：后帮鞋口缝线时注意缝线位置从一侧鞋耳上面的锁口线到另外一侧鞋耳锁口线。

（16）工序十六 前帮面里缝合

操作说明：①在前帮面和前帮里口舌处刷粉胶，晾干。

②前帮面里在口舌处粘贴，注意跷贴。

③缝合口舌鞋口边线，如图4所示。

④将口舌边缘里皮修剪干净。

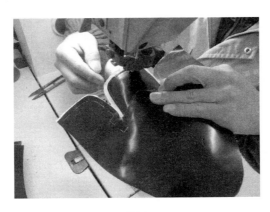

图 4

（17）工序十七 前后帮搭接缝合

操作说明：将前后帮搭接后进行缝合，并最后缝锁口线固定前后帮。

①在锁口线位置剪开里皮，剪开长度以前后帮刚好对准搭接为宜。

②前后帮搭接，将前后帮粘贴定位，预先在搭接位置刷黄胶，晾干后按照定位线粘贴，注意里皮要保持平整，搭接里皮位置放大如图5所示。

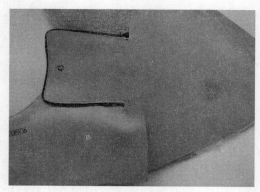

图 5

③从帮脚位置开始缝合前后帮搭接的第一道线，缝到锁口线位置，注意缝线边距要均匀，注意不要将里皮缝住，缝线时将里皮掀起。

④缝合前后帮搭接缝合第二道线并缝锁口线，注意锁口线要正，双线距离要均匀。鞋帮另一侧前后帮搭接也按照同样方法进行缝合。

四、精品外耳式男鞋绷帮流程

序号	操作名称	工具、设备、材料	操作条件	工艺要求
19	绷帮前准备	帮面定型机、锤子		中底钉在楦底上，帮面预定型
20	装主跟、包头	主跟、包头、药水		主跟、包头泡软后要擦干；鞋楦要套塑料纸，防止粘楦
21	套楦	楦、鞋帮、小纸板		将鞋帮对准套在楦头上，注意在鞋耳下和鞋带下塞入纸板
22	绷定位钉	腰帮钳、钉子		
23	粗绷	腰帮钳、钉子		粗绷后修剪包头
24	精绷	腰帮钳、钉子		绷后子口线光滑流畅、钉子分布均匀
25	捶型按摩	锤子、帮面熨烫机	按摩机温度为100℃	捶平鞋口及帮面不平整处、熨烫机熨烫鞋面细微皱褶并烫出鞋型
26	检验			检验质量，同时要检验鞋型是否美观
27	加硫	加硫箱	温度：90~100℃，时间：15min	将加硫箱温度调好，再把半成品鞋放入加硫箱，加硫后将半成品鞋取出

注：精品外耳式男鞋成型作业具体内容可以参见鞋类工艺相关书籍，如《皮鞋工艺技术项目综合实训》。

绷帮实物如图 6 所示。

图 6

第四部分

鞋类设计拓展知识

第十三章　信息化与质量管理拓展知识

本章导学：

本章是对鞋类企业信息化管理及质量管理知识的概述，为设计人员职位及岗位晋升提供信息化与质量管理知识，也是鞋类行业发展中设计师所必备的基础性知识。

第一节　鞋类信息化管理基础

一、信息化管理概述

1. 计算机辅助企业信息化管理的内容？

企业管理一般主要从事"四管"，即管人、管物、管财、管信息。目前，全球经济正趋于一体化，并处在迈向知识经济和信息社会的新时代，从某种意义上说，一个公司计算机辅助管理的水平是该公司在市场上竞争力强弱的标志。

计算机辅助管理（CIMS），是一种利用计算机软硬件、网络、数据库等高新技术将企业的经营、管理、产品设计、生产、销售及服务等环节和人、财、物等生产要素集成起来的计算机网络系统；该系统能根据不断变化的经营环境和市场需求，充分发挥经营管理人员和工程技术人员的智慧，及时、合理地配置企业内的各类资源和生产要素，实时优化企业的产品结构，从而优质、高效、灵活地完成企业的各项工作任务，实现企业全局的最优化和企业效益的最大化，迅速提高企业的整体素质和市场竞争能力。CIMS 是一个十分复杂的大系统，对它的研究是跨学科和跨专业的，其中包括各种系统理论、应用技术和管理科学；在实施过程中，除了要考虑各种技术因素之外，还要考虑各种管理措施和企业的文化建设等。CIMS 的构成是立体的和多层面的，包括计算机辅助设计和制造工程系统（CAD/CAM）、计算机辅助工艺设计（CAPP）、成组技术（GT）、柔性制造系统（FMS）、管理信息系统（MIS）、制造资源计划（MRP-Ⅱ）和 CIMS 网络等。

对于鞋类制造企业来说，通常意义上信息化技术主要用在计算机辅助设计和制造工程系统（CAD/CAM）和企业资源计划（ERP），ERP 是 MRPⅡ（制造资源计划）的下一代，它的内涵主要是"打破企业的四壁，把信息集成的范围扩大到企业的上下游，管理整个供需链，实现供需链制造。"ERP 是一种管理整个供需链的信息化管理系统，而不是专指某一个软件。以实现内部集成为例，产品研发和数据采集都不是 ERP 软件，合作伙伴之间的信息集成也不能单靠一个 ERP 软件。因此，鞋类行业可以用"鞋类行业信息化管理系统"来称呼。

2. 实施鞋类企业信息化的意义

（1）促进组织结构优化，提高快速反应能力

多数鞋类中小企业的组织结构是建立在岗位分工基础上的"金字塔"型组织结构，但

由于其存在多等级、多层次，机构臃肿，横向沟通困难，对外界变化反应迟缓等弊端，已不能适应日益复杂、变化多端的市场环境。而在信息技术的支持下，鞋类企业可以简化组织生产经营的方式，减少中间环节和中间管理人员，从而建立起精良、敏捷、具有创新精神的"扁平"型组织结构。这种组织形式信息沟通畅通、及时，使市场和周围的信息同决策中心间的反馈更加迅速，提高了鞋企对市场的快速反应能力，从而更好地适应竞争日益激烈的市场环境。

（2）有效地降低企业成本

信息技术应用范围涉及整个企业的经济活动，可以有效地、大幅度地降低企业的费用。主要表现在：企业利用信息技术获取外部信息如市场信息、产品销售渠道信息、相关竞争信息等方面的成本降低；计算机辅助设计和制造技术可以使企业降低新产品的设计、生产成本和对现有产品进行修改或增加新性能的成本；库存管理信息化使企业减少了库存量，降低了管理成本；信息技术的应用尤其是迅速发展的电子商务大大降低了企业的交易成本。

（3）提高企业的市场把握能力

在把握市场和消费者方面，由于信息技术的应用，特别是电子商务在企业经营管理中的广泛应用，缩短了企业与消费者的距离，企业与供应商及客户建立起高效、快速的联系，从而提高了企业把握市场和消费者的能力，使企业能迅速根据消费者的需求变化有针对地进行研究与开发活动，及时改变和调整经营战略，不断向市场提供质量更好、品种更多、更适合消费者需求的产品和服务。

（4）加快产品和技术的创新

信息技术能极大提高企业获取新技术、新工艺、新产品和新思想的能力。同时，现代信息技术与制造的结合所形成的各种企业信息技术，如计算机辅助设计、计算机辅助制造、计算机辅助工艺编制等，可以实现企业开发、设计、制造、营销及管理的高度集成化，极大地增强了企业生产的柔性、敏捷性和适应性。集成制造技术在产品设计开发中的扩散和渗透，使企业具备大规模定制的制造能力，其结果可使企业"个性化、多品种、小批量"的生产和服务。

此外，鞋类通过企业信息化融入，还可以促进企业提高管理水平，提高企业决策的科学性、正确性，提升企业人力资源素质等。总之，鞋类行业处在知识经济的新时代，鞋企面临着日趋激烈的市场竞争，应早日推进企业信息化建设来增强自身实力和竞争力，才能使企业更加充满活力，从而获得持续的发展。

3. 如何实现计算机辅助企业信息化管理

中小企业的信息化建设必须分阶段、分目标、有层次地推进，在循序渐进中实现信息化。首先必须明确企业的信息化战略和管理需求。企业信息化是为企业的经营发展战略服务的。企业5年、10年将发展到什么规模，企业的生产纲领、组织结构、营销模式会有什么变化，企业目前的管理现状、存在的问题、应对措施等，这些都会对信息化管理系统（ERP）和供应商的选择产生影响。

ERP系统的实施是个复杂的系统工程，涉及企业的各个职能部门和各层级管理人员，并很可能需要改变或部分改变我国企业目前的管理作业流程和长期以来养成的作业习惯，因此，其成功实施的难度是可以想象的。鞋业因存在诸如特殊的款型多变、包装繁琐、排程紧迫、配色复杂等问题，使得鞋业 ERP 系统要求衔接性极强。目前市面上存有各种各样的 ERP 软件，如 CRS-ERP 制鞋企业资源计划系统，金音鞋业 ERP 系统等，真正在企业中能较好实施的都不是靠软件的成功而是靠实施过程的控制。制鞋企业 ERP 信息化项目的实施应像其他行业一样做好以下几点准备：

①思想认识上要足够重视。ERP 的精髓应该是规范管理，规范作业流程，并使企业的所有资源得到更为有效和高效的运用。作为企业的领导者和 ERP 项目的组织实施者，要有坚定的信心完成企业信息化技术的改造。

②政策保障机制要健全。企业必须要成立 ERP 项目领导小组，全权负责 ERP 系统的各项决策事项，同时负责 ERP 系统的实施、各专业人员的培训以及系统的数据录入、维护等具体工作。

③基础资料准确、健全、管理要规范。就制鞋企业而言，基础资料包括材料资料、鞋型资料、鞋型部位资料、鞋型部位材料资料等，因此，在正式实施 ERP 系统前，应对 ERP 系统所需要的基础资料进行收集、整理、规范和编码。

信息一致性是企业内部乃至企业间信息共享的基础。传统的信息系统中往往没有考虑信息交互和集成问题，各自使用自己的信息描述标准，虽然在各个系统内部达到了信息一致的目的，但是在系统间进行信息交互与共享时就成为信息集成的阻碍。因此鞋类行业上下游产业链上的企业信息化标准要统一，便于信息可靠性和使用效率的提高，企业或者行业可以通过 Web 集成系统实现企业间的信息化管理。

除了 ERP 信息系统的实施，电子商务在鞋类企业中的普及率还是较高的，目前，我国制鞋企业电子商务的模式大部分采用网上中介型企业间的电子商务，企业利用第三方提供的电子商务服务平台进行宣传，如中国皮革和制鞋工业信息网、鞋业资讯网、中国鞋网、全球纺织网等。制鞋企业电子商务还处在初级阶段，即信息交换阶段，企业仅在互联网上建立网站，作为企业形象和产品的宣传窗口。大部分制鞋企业的网络营销仅停留在网络广告和促销上，少数拥有独立的域名网址，开展其他网络营销活动的企业则寥寥无几。真正的电子商务后台应用系统应是以 ERP 为基础的企业管理信息系统，用于处理电子商务活动中的大量信息。因此，电子商务需要 ERP 来支持，ERP 是电子商务发展的基石，ERP 是制鞋企业实施电子商务的支撑系统。

二、鞋类企业信息化发展

依照我国目前中小企业信息化现状和鞋类行业发展的步伐，要全面实现信息化管理在鞋类行业的推广，还有很长的一段路要走。

1. 信息化基础设施建设问题

近年来虽然国家和政府出台很多政策，推进中小企业信息化建设，计算机信息网络发展很快，但是在网络技术、网络管理、信息内容、技术标准、安全和保密条件等各方面，都与发达国家存在较大的差距，从而影响企业信息化水平的提高。而我国制鞋企业属于劳动密集型企业，技术水平不高，管理水平低下，企业大部分靠低成本运作和廉价劳动力来获取利润。由于大部分制鞋企业对信息化管理不重视，以及自身的经济实力和技术原因，其信息化基础设施建设比较缓慢和滞后。

2. 企业管理水平落后且经营方式陈旧

企业内部管理和外部交易的制度化和规范化，是网络化和信息化的基础。我国制鞋企业的管理目前大多数处于主观、随意的经验管理阶段，只能使用计算机简单模拟原手工操作流程，从而加大了系统实现的难度，增加了投资成本，同时，传统的手工作业的商业模式在人们头脑中根深蒂固，要在现阶段改造这样的商业环境，以适应由于信息化社会快速发展所形成的新的市场竞争格局，是相当困难的。加之制鞋企业本身在计算机技术方面的投资不大，企业的计算机技术人员缺乏，专业技术不强和一些人为等因素的影响，使得问题更为突出。

3. 专业人才培养落后

中国是制鞋大国，但专业人才缺乏，企业文化水平相对落后，信息化水平不高，制约了制鞋业的进一步发展。目前行业专业人才的培养以职业院校教育为主，实现了行业对专业技能人才的需求，也提高了行业从业人员的整体水平，但是掌握现代信息管理技术的鞋类行业从业人员是非常少的。要实现利用现代信息技术来推动行业进步，就必须加快培养鞋类行业信息化知识水平高的专业人才队伍，改变传统的手工作业模式，建立信息化管理企业的新模式，对企业的物、财、信息进行科学的系统的管理，同时要结合鞋类行业的特点进行专业信息化建设改革。

综上所述，鞋类行业的信息化水平的提高是行业整体水平提升的必由之路，要实现鞋类行业信息化水平普及程度的大幅提高，需要解决政府层面的政策及国家信息化技术水平的发展程度，同时需要鞋类行业的从业人员改变传统的管理理念，重新认识和分析企业发展中对信息化技术的需求，从鞋类产业链的管理角度建立统一的信息化标准。最后，人才是关键，要实现产业的新一轮的发展，专业人才的培养模式是亟须解决的。

第二节　鞋类质量管理基础

一、质量管理基本知识

1. 质量的概念

在国际标准 1SO 8402 中对质量的定义是：反映产品或服务满足明确或隐含需要能力的特征和特性的总和。

在合同环境中，"需要"是规定的，而在其他环境中，"隐含需要"则应加以识别和确定。"需要"可以包括合用性、安全性、可用性、可靠性、维修性、经济性和环境等方面。

"质量"这个术语既不用来表达在比较意义上的优良程度，也不用于定量意义上的技术评价；"相对质量"表示产品或服务在"优良程度"或"比较"意义上按有关的基准排序。"质量水平"和"质量度量"表示在"定量"意义上进行精确的技术评价。

（1）狭义的质量含义

从质量的定义中看出，狭义上的质量含义是指产品质量，就鞋类产品质量而言，它包括款式新颖、结构合理、用料考究、符合脚型、穿着舒适等，并且要求具有工艺制作精细，穿着可靠，甚至具有一定特殊功能等方面的要求。

（2）广义的质量含义

由于产品或服务质量受到相互作用的活动所构成的许多阶段的影响，如设计、生产或服务作业及维修等，因此，从广义上讲，质量应包括人员、销售、情报、生产、企业形象、企业经营与方针等多方面的内容。

根据"质量"的定义，以及"相对质量"是表示产品或服务在"优良程度"或"比较"意义上按有关的基准排序，"优质产品"应包括以下几方面内容。

第一，满足消费者要求的设计质量，即目标质量或称计划质量，指的是按一定的质量目标，根据所掌握的消费者使用要求及期待的性能，设计出满足用户需求的质量，亦即产品应达到何种质量程度。

第二，严格遵照设计质量进行制作的结果质量及销售质量。结果质量也称制造质量，是指产品在制作过程中的质量，它受产品制造过程中作业人员的熟练程度、检验方法及设备性能等其他因素的影响。

如果鞋类产品在制作过程中制作工艺不熟练、设备运转不良或未按照设计的工艺要求加工，会出现设计质量与制造质量之间的差异，无法达到设计质量。

对于制鞋企业来说，来自于顾客信息反馈的销售情报质量，是质量计划和设计时最主要的依据，销售质量已逐渐成为制鞋企业竞争当中重要的砝码。

第三，具有优良的功能，同时价格也应体现在其中，即达到"优质优价"的目的。

因此，优质产品不是靠检验达到的，要保证产品质量，必须从产品设计和质量标准的制定、样品试制、成批生产、制造、销售直到售后服务的整个过程，都严格进行质量管理，以确保产品达到设计的质量目标。

2. 质量管理的概念

质量管理指的是在质量方面指挥和控制组织的协调活动，通常包括制定质量方针、制定质量目标、质量策划、质量控制、质量保证和质量改进等工作。具体来说，质量管理是指为了经济地生产出满足用户需要的优质产品而采取的各种手段和措施，是企业各部门间相互协作进行产品开发、设计、生产及售后服务，使消费者对企业制造的商品感到满意。

质量管理的工作内容包括以下几个方面：

①质量方针：由组织的最高管理者正式发布的该组织总的质量宗旨和方向。

②质量目标：在质量方面所追求的标准。

③质量策划：致力于制定质量目标并规定必要的运行过程和相关资源以实现质量目标。包括产品策划、过程和作业策划、编制质量计划以及做出质量改进的规定。

④质量控制：致力于满足质量要求。

⑤质量保证：致力于提供质量要求后，能够得到满意的信任。

⑥质量改进：致力于增强满足质量要求的能力。

3. 全面质量管理的观点

（1）一切为用户服务的观点

此处提及的用户不单指消费者，也应包括企业内部相互关联的下道工序。企业必须本着为消费者服务、一切从消费者利益出发的原则来改进产品质量和开发新品种。此外，在生产过程中，下道工序实际上也是上道工序的用户。

例如，在制帮过程中，漏打或错打某定位点或定位线，必定影响后面镶接工序的正确性，从而影响后续生产的顺利进行，令后道工序这一"用户"不满意。又如绷帮定型操作，若鞋帮定位工序质量不好，中线歪斜或鞋帮位置不到位，则会影响成鞋的产品质量，同时也影响该工序的生产进度。

由此看出，在企业内部对于上道工序来说，下道工序实际上就是它的用户，上道工序不仅要做好本工序的工作，保证本工序的质量，而且要为保证下道工序的质量提供最大的方便。

（2）预防为主的观点

如前所述，产品质量并不能完全依靠检验来保证，制造过程中的质量控制至关重要。因而，全面质量管理的一个基本观点就是把质量管理工作的重点从"事后把关"转移到"事先预防"上，即事先采取相应的措施，把设计、工艺、设备及生产过程中影响产品质量及可能造成次品的因素控制起来，形成一个稳定的、最佳的生产管理系统。实行"预防为主"这一根本方针，把不合格产品消灭在其形成过程中，保证和提高最终产品的质量。

（3）科学管理的观点

全面质量管理是现代科学技术和工业化大生产发展的产物，在执行过程中应按科学的程序办事，其科学性包括以下三个方面。

第一，实事求是，科学分析，一切用数据说话，用数据科学地反映质量问题。

对管理者来说，要控制生产过程及产品质量的稳定，就要分析、判断质量的波动规律，这就需要用统计方法和图表形式，对收集来的大量原始数据进行分析、整理，从中找出规律性，这样才能有针对性地指导和管理生产，稳定地提高生产质量。

第二，全面质量管理所遵循的 PDCA 工作循环方法是很有效的科学管理方法，既适用于质量管理中，也适用于其他方面的管理，如工序管理、作业管理等。

第三，在全面质量管理中广泛地运用新技术、新方法，如计算机、先进的测试设备和手段等，使收集整理出的数据更为可信，数据处理及统计更快捷、更方便，信息收集、反馈更迅速。

（4）讲究经济效益的观点

全面质量管理的目的就是用最经济的方法生产出用户满意的优质产品。在推行全面质量管理的过程中，应注重提高产品的质量，不断开发适合消费者需求的新款式，并注意控制成本、降低损耗，以求得到更大的经济效益。

（5）"三全"的观点

全面质量管理既要控制产品质量，还要控制工作质量等其他相关内容，即实行全员、全面及全过程的质量管理工作。

此外，全面质量管理还把它的管理范围扩大到成本、数量、交货期等与企业经济效益有关的各个方面，这就是全面质量管理与传统意义上狭义的质量管理的区别之一。

二、鞋类行业质量管理体系

1SO 9000 管理体系能为企业提供一种具有科学性的质量管理和质量保证方法和手段，可以提高内部的管理水平。该系列标准的特点和优点在于能使企业内部各类人员的职责明确，文件化的管理体系使全部质量工作有可知性、可见性和可查性，产品质量能够得以保证，能够适应降低企业成本、提高竞争力、满足市场准入的要求等。

我国近年来积极开展 ISO 9000 质量管理体系和 ISO 14000 环境管理体系的国际认证工作，通过认证的企业意味着该企业产品在国内外具有良好的信誉和市场竞争力。一些外销制鞋企业还通过英国鞋类认证机构 SATRA 认证。

2000 年版 ISO 9001《质量管理体系要求》标准在世界范围内得到了广泛应用，受到众多组织的关注，中国也成为名副其实的质量管理体系认证大国。我国制鞋企业内部质量管理体系基本按照 ISO 9001：2000 标准的要求建立，通过制定质量方针和质量目标，营造了一个激励改进的氛围与环境，它的具体作用如下：

①确保从事影响产品质量工作的人员都能胜任岗位工作。

②利用内部审核的结果不断发现质量管理体系的薄弱环节。

③利用纠正和预防措施，避免不合格产品的发生或再发生。

④通过在管理评审活动中对质量管理体系适宜性、充分性和有效性的全面评价，发现对质量管理体系有效性的持续改进的机会。

⑤通过数据分析，找出顾客的不满意、产品未满足要求、过程不稳定事项。

第十四章　鞋类设备拓展知识

本章导学：

本章是对鞋类常见生产设备的概述，主要对鞋类制帮工艺设备、成型工艺设备进行讲解，为鞋类设计人员对工艺改进及工艺设计提供普及性知识。通过学习，学生可以初步认知鞋类生产相关设备功能。

第一节　鞋类制帮工艺设备概述

一、裁断设备

裁断是制鞋加工中的第一道工序，裁断机械依据鞋类结构和款式的要求，将各种天然皮革、合成革、纤维织物、底部鞋用材料等分割成不同形状与规格的帮部件、底部件、衬里部件等，在加工不同的材料和不同的部件时采用不同的裁断机。

1. 裁断机

裁断机有机械摇臂式裁断机、桥式机械裁断机。摇臂式裁断机有轻型和重型两种。摇臂式裁断机一般用于裁断皮革帮部件，重型摇臂式裁断机主要用于裁断鞋类底革、橡胶片材等。

龙门裁断机或桥式裁断机一般用于裁断半片皮革、合成革、纤维织物、硬底板、泡沫片材、无纺织布等，并可以裁断多层材料。目前鞋类纤维织物已经开始使用计算机控制的激光水束切割下料。

2. 裁断刀模

刀模是与鞋类部件形状相同的刀具（刃具），各种裁断机都需要刀模实现裁断，刀模分为单部件刀模（参见图 7-1-1）、组合刀模。刀模一般使用锰钢材制造而成。

二、片料设备

片料是用刀具对鞋类材料进行剖分，以得到符合一定尺寸要求、厚度均匀的材料，或是得到特殊剖面形态的零部件，以满足制鞋工艺的要求。片料设备根据刀片的运动状况可分为固定刀具与旋转刀具两种，旋转刀具又有圆刀与带刀之分。

1. 圆刀片革机

圆刀片革机是一种旋转刀具的片料设备，它是利用刀具的高速旋转实现对工件的剖分。根据加工部件需求，按直径分为小圆刀和大圆刀片革机两种，小圆刀片革机又称圆刀片革机，其圆刀直径为 117mm，主要用于鞋帮面、鞋里等薄料的片荐，可以片包跟皮、鞋口条皮、保险皮等。大圆刀片革机的圆刀直径为 150mm，主要用于内主跟、内包头等较厚的底革茬口片削。

普通圆刀片皮机用于鞋帮部件的片边与片坡和小型部件的匀片与片薄，如包跟皮、沿口皮、穿条编花皮、保险皮等，如图 14-1-1 所示。

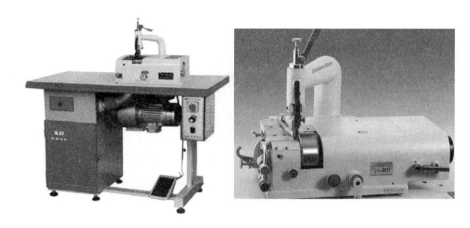

图 14-1-1　圆刀片皮机

2. 带刀片皮机

带刀通片机主要用于片削大面革和部件的通片，如图 14-1-2 所示。

带刀片皮机是用高速旋转的带刀将制鞋皮革材料按照工艺要求的厚度进行均匀剖分的片革机械。

带刀片皮机是一种比较精密的制鞋机械，可以对皮革进行多层剖分，加工范围广，精确度高。

3. 片底料机

片底料机是一种固定刀片的机械，用

图 14-1-2　带刀片皮机

来片削天然革、合成革、橡胶等材料，制成内底、中底和外底部件，以使材料成为符合工艺要求的部件或剖面形状。

该设备除了片削厚度一致的部件外，还可以使用带有一定型腔的专用托模，片削主跟、包头、内底等剖面形状有一定要求的部件。

片鞋类底部件专用设备还有半自动片内底机、自动化片主跟机、包头机、圆刀片革机、专用片沿条机等。

三、帮面曲线定型设备

目前，靴类或整前帮鞋采用定型工艺，使用靴鞋面曲线定型机。帮面拉伸成型机用于鞋类前帮部位曲跷，按照鞋楦的弧度（曲线）预定型（也叫工艺曲跷），从而提高绷帮定型的质量。

帮面前帮定型设备很多，用处很广，目的是使鞋帮伏楦，使皮革纤维材料应力实现平衡。

鞋类部件定型设备还有很多，如热定型机、冷定型机、鞋底的硫化成型机、注塑注射成型机等。

四、缝帮设备

缝帮是指把经过裁断、片边、折边后的鞋帮、衬里等平面零部件以及各种装饰件使用粘、缝合、编结、滚嵌、铆合等方法将其组合加工成符合楦体曲面形状的鞋帮，组合工艺最主要的设备是缝纫机。

缝纫机能将鞋帮部件缝合在一起，起到连接、补强、装饰的作用。鞋缝合方法分为多种类型，如合缝、压茬缝、包缝、平缝，装饰缝等，所以缝纫机种类、结构和性能也不同。按工作台的式样可分为平台式缝纫机、圆柱形缝纫机和高台式缝纫机三种，从功能角度可分为平针、双针、多针等类型。

目前，我国制鞋企业中大量使用的是单针电动缝纫机、双针电动缝纫机，电控全自动缝纫机只在绣花工艺中采用。

第二节　鞋类成型工艺设备概述

一、部件成型设备

鞋类部件成型是制鞋产业实现大生产的先决条件，是实现制鞋部件技能化、工艺装配化的客观要求。鞋类部件成型后都是曲面形状，必须采用机械压力通过模具成型。

1. 内底压型机

内底压型机是将内底置于成型模具中，通过加压使内底成型符合鞋楦底面的形状以便进行绷帮操作。

内底压型机种类很多，其原理就是通过压力、模具温度和时间控制使部件成型。

2. 主跟成型机

主跟是鞋类后跟的主要部位，是皮鞋生产中的重要部件。一般使用皮革、再生革、纸板和无纺织布等材料制成，坚实而有弹性。布鞋和胶鞋也相应采用一些材料加强鞋后帮强度，保证鞋后帮不变形。

主跟成型机种类很多，有手工装料的，也有全自动的，还有用塑料注射成型的，等等。

二、绷帮设备

绷帮成型机是制鞋工艺加工的主要机械，也称为绷楦机、钳帮机，其结构种类很多。

按照绷帮功能范围可分为绷前帮机、绷中帮机、绷后帮机及后帮预成型机等，这四种机械是制鞋绷帮成型的机组。按照帮与内底结合的方法分为胶粘绷楦机、钉钉机、拉绳机、钢丝固定机等。按照传动介质可分为机械传动、液压传动、气压传动以及联合传动方式的绷帮成型机。

1. 自动喷胶的绷前帮机

自动喷胶绷前帮机都以液压传动为主，部分部件的联动靠机械传动和气压传动辅助，配以钳子、束紧器和扫刀的辅助作用而完成绷帮成型，如图 14-2-1 所示。

2. 自动喷胶绷后帮机

如图 14-2-2 所示，自动喷胶绷后帮机上方有一个压杆，杆上装有滑轮和喷胶装置，在夹板夹挤之前，自动喷涂热熔树脂胶，随即夹板撸夹，使帮脚与内底黏合，然后顶杆下降，夹板张开。顶杆下降与夹板张开时间是根据胶凝速度确定的，用计时器自动控制。

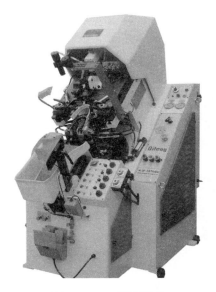

图 14-2-1　绷前帮机

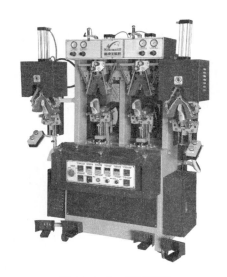

图 14-2-2　绷后帮机

三、胶粘成鞋设备

胶粘帮底结合设备用于将表面涂过胶粘剂的鞋帮和外底黏合在一起，称为胶粘压合机，压合机的种类和型号较多，有气囊式压合机、气垫式压合机、墙式压合机、十字形压合机等，动力均以气压、液压为主。

胶粘帮底结合过程中的配套机械有钉跟机、外底活化机、冷定型机、脱楦机、喷光亮机等。

四、热定型设备

工作原理：湿热风机将水加热成蒸汽，再将蒸汽通过热风道送入湿热定型通道，对非天然皮革关闭蒸汽发生器只用热风即可。新型的真空湿热应根据产品品种、材料，调整温度一般控制在 90~105℃，有助于减少加温定型时间、提高质量、缩短循环使用周期。热定型机如图 14-2-3 所示。

图 14-2-3　热定型机

五、制鞋生产传送线及其他设备

1. 生产传送线

生产传送线是大生产发展的需要，便于组织管理，实现均衡生产，提高劳动生产率，有利于提高产品质量。制鞋生产传送线可分为帮生产线、底加工生产线、鞋面成型线、底部件生产线、冷热定型底工传送线、喷涂整饰生产线等。底加工生产线如图 14-2-4 所示。

图 14-2-4　底加工生产线

2. 模压机

模压机是生产橡胶底模压硫化鞋的机械。其机型较多，根据结构分为悬臂式模压机、天平式模压机和横梁式模压机三种，主要用于皮鞋、胶鞋产品生产。

由于模压工艺产品专业性强，只适用于劳保鞋、军用鞋，所以模压机未得到发展。

3. 注塑机（注射机）

注塑机是采用塑料材料生产塑料底鞋及全塑鞋的机械。由于注塑工艺先进，所以注塑机发展很快。其机型很多，主要用于皮鞋底、布鞋底、塑料鞋及塑料雨靴等产品的生产。

注塑机按注射头分为单色、双色与多色三种，目前使用较多的是卧式多工位的注塑机。

4. 胶鞋注压、硫化等设备

（1）注压机（注胶机）

注压机是采用橡胶材料生产橡胶底硫化鞋的机械。由于橡胶材料是热固性材料，注压成型难度大，所以注压机一般都采用螺杆式的，也有少数采用柱塞或挤出等方式。注压机主要用于生产橡胶鞋、布鞋、冷粘鞋的鞋底及鞋用配件。

（2）橡胶硫化机械

分为平板硫化机、硫化罐。

平板硫化机是橡胶、塑料工业中普遍使用的机械，主要用于生产橡胶、塑料等模型制品和非模制品。制鞋工艺中平板硫化机主要用于制造橡胶底、胶掌、橡胶片和其他鞋用部件。平板硫化机的平板分单层、双层和多层，最多可达6层。

硫化罐是使鞋完成"硫化"过程的设备，分为单壁硫化罐和双壁硫化罐。在橡胶工业中用于生产硫化橡胶制品、胶鞋和其他胶鞋底。采用硫化工艺生产的皮鞋品种称为硫化皮鞋。

5. 聚氨酯（PU）浇注工艺机械

聚氨酯（PU）材料通过浇注机进行鞋底或连帮直接成型的工艺是近年来成型的一种新工艺。这种帮底结合工艺生产效率高，产品质量稳定，发展前景广阔。

第十五章　安全生产与相关法律法规拓展知识

本章导学：

本章主要概述鞋类专业相关生产安全及通用法律法规，所述知识为技术技能人员应知基本规定。通过学习，鞋类职业人员能够具备行业从业基本素质，为专业人员晋升高层主管奠定常规理论基础。

第一节　鞋类安全生产

鞋类产品在生产过程中有诸多需要注意安全的问题，掌握安全生产知识，既是对生产工人的安全负责也是对企业的安全生产负责。

一、安全生产基本知识

安全生产工作是为了防止生产劳动中发生事故，保护职工的人身安全，并使机器设备和其他财产不受毁损，以保证生产的正常进行。

为认真贯彻安全生产的方针，做到"生产必须安全、安全为了生产"，要做好以下几项工作：

第一，开展安全技术教育。要教育职工严格遵守安全操作规程，围绕某些新技术、新工艺、新产品以及新设备，按照"四懂三会"（懂鞋类工艺流程，懂鞋类设备结构，懂鞋类设备原理，懂鞋类设备性能；会操作，会维修保养，会排除故障）进行专题培训。

第二，建立和健全各级安全生产责任制。在生产班组要设立安全员，带动其他工人做好安全生产工作。

第三，对机器设备要有安全防护装置：

①保险装置：保险装置能自动消除危险因素，如电路中的自动跳闸，受压容器中采用的防爆薄膜，机器的负荷保险装置等。

②保护装置：保护装置隔离工人同机器设备的危险部分，如机器外露传动部分的齿轮、带轮和砂轮等，需采用防护罩。

③连锁装置：连锁装置属于制约保护装置，能自动防止工人遭受危险，它可以是机械的、电气的或光电的等。连锁装置在冲床或压床中广泛使用，如冲压设备的双手柄或双按钮，在设备启动时，保证工人的双手安全。

④信号装置：信号装置向工人预告危险情况，有灯光信号、音响信号。此外，还有警告标志、指示牌等可提醒工人遵守各种安全规定。

第四，电工、机械维修工使用的工具必须保持良好的绝缘性能，各种工具的绝缘包皮应完好无损。对电气设备的绝缘情况要经常检查和定期修理，并设置防护装置，防止触电事故的发生。

第五，对于特殊设备或装置，要制定安全操作规程，并严格执行。

第六，机器设备要经常维护保养，并定期检修，检查机械润滑油、机器杂音、齿轮罩、三角皮带传动罩、电机接头等重要部位，发现问题及时修复。保证其处于正常的技术状态。

第七，合理布置工作场地，使机械与机械之间、机械与厂房柱壁之间有足够的间距，便于工人进行操作和行走。

第八，抓好防火、防爆工作。如建立严格的规章制度，配置适当的消防器材，设置必要的防爆设施，预防火灾、爆炸事故的发生和控制事故后果的蔓延。特别是对火灾危险性大的设备或易燃易爆化工材料，要严格遵守防火要求。厂房设计也要符合防火标准。

二、劳动保护基本知识

劳动保护是党和国家为了保护劳动者在劳动过程中的安全和健康，在改善劳动条件、预防和消除伤亡事故和职业病等方面所采取的各种组织措施和技术措施。有利于保护和发展生产力，对充分调动职工的劳动积极性，提高劳动生产率都有着重要的作用。为此，须做好以下几项工作：

第一，企业严格执行有关劳动保护的法规和制度，使劳动者在生产中的安全和健康得到法律上的保护。

第二，企业中设置强有力的专门机构和配备足够的专业人员，做好劳动保护的日常管理和科学研究工作。

第三，积极改善生产车间的劳动卫生条件，保障工人健康，预防职业病。要认真抓好工业"三废"（废水、废气、废渣）治理，严格防护与控制车间内的有害因素（高温、粉尘、化学气体、放射性物质等），做好通风；使生产过程自动化、密闭化；通过工艺改革，以无毒代替有毒，低毒代替高毒，对毒物经常进行浓度测定；对工人进行定期健康检查，对生产毒物的设备定期检修，对工作场所经常进行清洁管理等。

第四，生产车间要有良好的照明，工作面的照度要充足、均匀、恒定且无眩目，以免工人视觉紧张、容易疲劳而造成视力衰退或发生事故。

第五，生产车间要保持合适的温度、湿度以及空气流通，保证工人在舒适的环境中进行操作。为此，要正确布置散热设备或隔绝热源，有条件的可采用空调设备。对高温作业工人要规定合理的工作和休息制度。

第六，防止噪声对人体听觉的伤害，以及由此引起的其他疾病，或由于分散注意力而造成的工伤事故。

第七，加强对女工的特殊保护工作，贯彻执行对女工保护的有关政策法令。

第八，加强个人防护。对在各种不同环境和条件下工作的各类人员，发给合适的个人防护用品（如防毒面具、口罩、头盔、工作服、眼镜等）。

三、环境保护基本知识

环境是人类生存和发展的基本条件，也是发展生产的物质基础。环境保护，就是要保护人民的健康和自然资源，保护和促进生产力的发展。随着科学技术和人民生活水平的不断提高，人们对鞋不仅要求美观、舒适，而且更为关注穿着的卫生、安全、健康和环境问题。我国现有鞋类产品标准都只规定了耐用方面的性能指标，对涉及舒适、环保和有害物质的指标没有做出相应的规定。但为了适应鞋类技术发展要求，同时为消费者构筑一道绿色屏障，应对此引起重视。我国宪法规定：国家保护环境和自然资源，防治污染和其他公害。《中华人民共和国环境保护法》明确规定了国家对环境保护的基本方针政策。可见，保护环境，消除污染，是一件关系到国家、民族和子孙后代的大事，是国民经济和谐发展中的一个极为重要的战略性问题。

环境保护的内容很广泛，对于鞋类企业来说，主要是解决工业污染的防治问题。造成环境污染和破坏的原因虽然很多、很复杂，但任意排放工业"三废"（废水、废气、废渣）则是主要原因。

为此，每个鞋类企业应当重视消除污染，保护环境与发展生产，把它作为企业全面完成国家计划的一项重要考核指标来对待。

四、刷胶安全生产

胶粘剂、处理剂、固化剂均属于易燃易爆危险品，要按照危险品有关规定使用，应注意以下几点：

①危险品应按照"用多少、领多少；使用多少，倒多少"的原则使用。

②刷胶处要有防毒排气设备，操作人员要戴上口罩，注意防护，避免呼吸道直接吸入含毒气体。

③对操作人员要加强安全管理，对加温室、加热器、仪表等进行维护、监视，发现异常要立即向有关部门和人员反映，及时处理。

④如果人体、口、眼睛粘上处理剂、固化剂时应立即用大量清水冲洗，并尽快就医。

⑤如果发生事故，首先要切断电源，然后组织人员抢救，用砂、干粉灭火器灭火，不得用水灭火。

第二节　相关法律法规

一、劳动法摘要

《中华人民共和国劳动法》（以下简称《劳动法》）是国家为了保护劳动者的合法权益，调整劳动关系，建立和维护适应社会主义市场经济的劳动制度，为促进经济发展和社会进步，根据宪法而制定颁布的法律。

1. 劳动合同的订立

劳动合同是劳动关系建立、变更，解除和终止的一种法律形式，劳动合同法律制度是劳动法的重要组成部分。劳动合同的订立必须遵循以下原则：平等自愿原则，协商一致原则，合法原则。

劳动合同的必备条款涉及七项：劳动合同期限，工作内容，劳动保护和劳动条件，劳动报酬，劳动纪律，劳动合同终止的条件，违反劳动合同的责任。

2. 劳动合同的变更

劳动合同的变更是指劳动合同依法订立后，在合同尚未履行或者尚未履行完毕以前，双方当事人依法对劳动合同约定的内容进行修改或者补充的法律行为。

3. 工作时间和休息休假

工作时间是指劳动者根据国家的法律规定，在一个昼夜或一周之内从事本职工作的时间。《劳动法》规定劳动者每日工作时间不超过 8h，平均每周工作时间不超过 44h。

4. 休息休假时间

休息休假时间是指劳动者工作日内的休息时间，工作日间的休息时间和工作周之间的休息时间，法定节假日休息时间，探亲假休息时间和年休假休息时间等。

《劳动法》规定，用人单位在元旦、春节、劳动节、国庆节以及法律法规规定的其他休息节日中进行休假。用人单位应保证劳动者每周至少休息一天。

5. 延长工作时间

延长工作时间是指根据法律的规定，在标准工作时间之外延长劳动者的工作时间一般分为加班和加点。《劳动法》对延长工作时间的劳动者范围，延长工作时间的长度，延长工作时间的条件都有具体的限制。延长工作时间的劳动者有权获得相应的报酬。

二、劳动合同法摘要

《劳动法》的发布和施行，对于保护劳动者的合法权益，调整劳动关系，建立和维护适应社会主义市场经济的劳动制度意义重大。《劳动合同法》共包括八章九十八项条款，涉及劳动合同的订立，劳动合同的履行和变更，劳动合同的解除和终止等内容。

《劳动合同法》的立法目的是为了完善劳动合同制度，明确劳动合同双方当事人的权利和义务，保护劳动者的合法权益，构建和发展和谐稳定的劳动关系。

1. 劳动合同要用书面形式

《劳动合同法》中将劳动合同分为固定期限、无固定期限和以完成一定工作任务为期限的劳动合同，还规定了劳务派遣和非全日制用工两种用工形式，其中，除了非全日制用工外，其他用工形式均需订立书面合同。

针对未订立书面劳动合同的情况，《劳动合同法》做出了相应的罚则。该法规定：用人单位自用工之日起超过一个月不满一年未与劳动者签订劳动合同的，应当向劳动者每月支付两倍工资作为赔偿；当应签订而未签订劳动合同的情况满一年后，将视为"用人单位与该劳动者间已订立无固定期限劳动合同"。

2. 用人单位不得向员工收取押金

《劳动合同法》对用人单位的这种行为做出明确规定，用人单位招用劳动者，不得要求劳动者提供担保或以其他名义向劳动者收取财物。用人单位违反本法规定，以担保或其他名义向劳动者收取财物的，由劳动行政部门责令限期退还劳动者本人，并以每人五百元以上两千元以下的标准处以罚款；给劳动者造成损害的，应当承担赔偿责任。

3. 试用期

《劳动合同法》对劳动者试用期限和工资都做了详细的规定，企业滥用试用期的行为得到了有效遏制。

此外，《劳动合同法》实施后，很多用人单位为了逃避新法实施带来的高用工成本而青睐使用劳务派遣工，其实，随着国家对劳务派遣用工的不断规范，劳务派遣用工成本已经大大上升了。

三、知识产权相关法规摘要

1. 《专利法》的概念

《专利法》是专门解决发明创造的权利归属和利用问题的法律。

《专利法》共包括八章七十六项条款，涉及专利法授权专利的种类，专利权的归属，授予专利权的条件，专利权申请的审查和批准，专利权的期限、终止和无效，专利实施的限制许可和专利权的保护等。

2. 专利的种类

专利法规定的专利种类有三种，分别是发明专利、实用新型专利和外观设计专利。

发明是指对产品、方法或者其改进所提出的新的技术方案。发明专利申请实行早期公开、延迟审查制度，保护期限为 20 年，自申请日起算。

实用新型是指对产品的形状、构造或者其结合所提出的适于实用的新的技术方案。实用新型专利申请实行初步审查制度，保护期限为 10 年，自申请日起算。

外观设计是指对产品的形状、图案或者结合以及色彩与形状、图案的结合所做出的富有美感并适于工业应用的新设计。外观设计专利实行初步审查制度，保护期限为 10 年，自申请日起算。

申请人应结合发明创造的技术水平、商业价值、市场寿命、费用等情况考虑申请何种专利更为适宜。

3. 《专利法》的立法目的

《专利法》的立法目的是为了保护专利权人的合法权益，鼓励发明创造，推动发明创造的应用，提高创新能力，促进科学技术进步和经济社会发展。

国家授予发明人或合法受让人以专利权，法律授予他在一定期限内对该项发明有专有权，专利人的发明就有了法律保障，任何人都不得非法侵犯其专有的权利。对于违反专利法、侵犯他人专利权的行为，将会受到法律的制裁。

4. 授予专利权的条件

①不违反国家法律、社会公德，不妨碍公共利益。

②专利法规定的不授予专利权的内容和技术领域（包括科学发现、智力活动、疾病的诊断和治疗方法、动物和植物品种、用原子核变换方法获得的物质）。

③授予专利权的发明和实用新型应当具备新颖性、创造性和实用性。

④授予专利权和外观设计，应当同申请日以前国内外出版物上公开发表过或者国内公开使用过的外观设计不相同或者不相近似，也不得与他人在先取得的合法权利相冲突。

5. 专利的申请

申请专利是一种法律程序，可委托专利事务所的专利代理人为发明人提供法律和技术上的帮助，发明人一旦与专利代理人建立委托代理关系，专利代理人则是发明人的技术顾问和专利律师。发明人与专利代理人建立代理委托关系后，应按照代理人的要求提供撰写专利文件所必需的详细技术资料；详细技术资料包括发明创造的目的，新旧技术对比，主要技术特征及实施发明创造目的的具体方案，以及能说明发明创造目的的图样等。如发明人不会制图或不能提供必需的详细技术资料，可直接向专利代理人口述，专利代理人可根据发明人的发明意图为其完成专利申请的全过程，直到获得专利权。

委托专利代理机构申请专利一般要经过以下几个步骤。

（1）咨询

确定发明创造的内容是否属于可以申请专利的内容。

确定发明创造的内容可以申请哪一种专利类型（发明、实用新型、外观设计）。

（2）签订代理委托协议

此时签订代理协议的目的是为了明确申请人和专利代理机构之间的权利和义务，主要是约束专利代理人对申请人的发明创造内容负有保密的义务。

（3）技术交底

①申请人向专利代理人提供有关发明创造的背景资料或委托检索有关内容。

②申请人详细介绍发明创造的内容，帮助专利代理人理解发明创造的内容。

（4）确定申请方案

代理人在对发明创造理解的基础上，对专利申请的前景做出初步的判断，对专利授权可能性很小的申请建议申请人撤回，此时代理机构将会收取少量咨询费，大部分申请代理费用返还申请人。若专利授权前景较大，专利代理人将提出明确的申请方案以及保护的范围和内容，在征得申请人同意的条件下开始准备正式的申请工作。

（5）准备申请文件

①撰写专利申请文件。

②制作申请书文件。

③提交专利申请并获取专利申请号。

（6）审查

中国专利局会对专利申请文件进行审查，在审查过程中专利代理人进行专利补正、意见陈述、答辩、变更等工作。如有需要，申请人应该配合专利代理人完成以上工作。

（7）审查结论

中国专利局根据审查情况将会做出授权或驳回审查结论，这一过程的时间一般为：外观设计6个月左右，实用新型10~12个月，发明专利2~4年。

（8）办理专利登记手续或复审请求

如果专利申请被授权，则根据专利授权通知书的要求办理登记手续，领取专利证书；

如果专利申请被驳回，则根据具体的情况确定是否提出复审请求。至此，专利申请过程结束。

6. 专利申请的审查和批准

国务院专利行政部门收到发明专利申请后，经初步审查认为符合《专利法》要求的，自申请日起满 18 个月，即行公布。国务院专利行政部门可以根据申请人的请求早日公布其申请。

发明专利申请自申请日起 3 年内，国务院专利行政部门可以根据申请人随时提出的请求，对其申请进行实质审查，申请人无正当理由逾期不请求实质审查的，该申请即视为撤回。

发明专利申请经实质审查没有发现驳回理由的，由国务院专利行政部门做出授予发明专利权的决定，发给发明专利证书，同时予以登记和公告，发明专利权自公告之日起生效。

7. 专利权的期限，终止和无效

发明专利权的期限为 20 年，实用新型专利权和外观设计专利权的期限为 10 年，均自申请日起计算。专利权人应当自被授予专利权的当年开始缴纳年费。

有下列情形之一的，专利权在期限届满前终止。

①没有按照规定缴纳年费的。

②专利权人以书面声明放弃其专利权的。

专利权在期限届满前终止的，由国务院专利行政部门登记和公告，关于专利无效是由国务院专利行政部门公告授予专利权之日起，任何单位或者个人认为该专利权的授予不符合《专利法》有关规定的，可以请求专利复审委员会宣告该专利无效，由国务院专利行政部门登记和公告。

8. 专利权的保护

专利权的保护是指专利权的法律效力所涉及的发明成果技术范围，即专利权所覆盖的发明的技术特征和技术幅度，专利权的保护范围是判断专利侵权的标准。我国《专利法》对发明、实用新型和外观设计规定了不同的保护范围，发明或者实用新型专利权的保护范围以其权利要求的内容为准，说明书及附图可以用于解释权利要求的内容。权利要求说明书所记载的技术特征是专利权的保护范围，任何擅自利用权利要求说明书所描述的技术特征，就构成侵权。

外观设计专利权的保护范围以表示在图片或者照片中的该产品的外观设计为准，简要说明可以用于解释图片或者照片所表示的该产品的外观设计。只要他人在照片或图片中显示的产品上使用和照片或图片上相同的外观设计，就构成侵权。

因此，专利申请人为了有效地保护专利权，首先依赖于专利的有效性，同时要认真制作专利申请文件，具体的是权利要求和说明书及附图。

参考文献

［1］中国就业培训技术指导中心．鞋类设计师［M］．北京：中国劳动社会保障出版社，2011.

［2］施凯，李再冉，等．鞋类计算机辅助技术［M］．北京：中国轻工业出版社，2014.

［3］田正，崔同占．鞋靴样板设计与制作［M］．北京：高等教育出版社，2009.

［4］史丽侠．皮鞋工艺［M］．湖南：湖南大学出版社，2009.

［5］史丽侠．皮鞋工艺技术项目综合实训［M］．北京：中国轻工业出版社，2015.

［6］李贞．皮具设计［M］．湖南：湖南大学出版社，2009.

［7］李再冉．计算机辅助技术在鞋楦卡板设计中的应用［J］．中国皮革，2013（18）．

［8］陈念慧．鞋靴设计学［M］．第3版．北京：中国轻工业出版社，2015.